El ambientalista crítico

Edición exclusiva impresa bajo demanda por CreateSpace, Charleston SC.

.CER○

EDICIONES PUNTOCERO
e-mail: contacto@edicionespuntocero.com
Twitter: @ed_puntocero
www.edicionespuntocero.com

ISBN: 978-980-7312-41-7

Diseño de colección
Ediciones Puntocero

Edición a cargo de
Carola Saravia

Diagramación
Rocío Jaimes

Fotografía de portada
Adobe Stock / ©Alexander

Corrección
Ross Mary Gonzatti

Printed by CreateSpace, An Amazon.com Company

El ambientalista crítico

Gestión ambiental, ecologismo y desarrollo en América Latina

ARAMIS LATCHINIAN

.CERO PUNTOCERO NO FICCIÓN

Contenido

CAPÍTULO II
**Un nuevo discurso ambiental
en América Latina**

Este tipo de propaganda tremendista proviene de muchas organizaciones ecologistas, como el Instituto Worldwatch, Greenpeace o el Fondo Mundial para la Naturaleza, además de algunos comentaristas particulares, apoyados todos ellos por los medios de comunicación. La cantidad de ejemplos es tan enorme que podrían llenar un libro...

BJORN LOMBORG[1]

---

1 Lomborg, B. (2003) *El ecologista escéptico*. Editorial Espasa. 1.ª edición en español. España. Es una de las obras más provocadoras y bien fundamentadas de la literatura ambiental, con la que Bjorn Lomborg desmontaba los mitos más divulgados del discurso ecologista. Han pasado más de 15 años y la realidad ambiental ha cambiado sustancialmente en el mundo y particularmente en América Latina, y el discurso debe evolucionar de un ecologismo escéptico a un ambientalismo crítico.

Presentación
El Dr. Jekyll y Mr. Hyde

EN PRIMER LUGAR, quiero aclarar que no es posible hacer demasiadas generalizaciones acerca de los escenarios ambientales de América Latina. Todos los países del continente son distintos y todos son cambiantes, su historia, su cultura, su geografía, su ambiente y sus condiciones actuales hacen imposible meterlos a todos en la misma bolsa. Pero existen algunos elementos comunes, tal vez coyunturales, en los que nos centraremos: prácticamente todos vienen de una década de crecimiento económico —lo que en principio es bueno, pero como veremos conlleva riesgos ambientales significativos—; en todos se han instalado grandes proyectos de inversión que en muchos casos son objeto de importantes conflictos ambientales; en todos existe un movimiento ecologista con un discurso similar —que también analizaremos— y todos tienen gobiernos intentando administrar esta compleja situación con pocas herramientas.

Analizaremos ese nuevo escenario ambiental, caracterizado por una década de crecimiento económico inédito y por el desembarco de los megaproyectos de inversión —megapuertos, megaminería, complejos hoteleros, grandes monocultivos, entre otros—. En este contexto, la mayoría de los ciudadanos hemos quedado atrapados en medio del tiroteo ambiental entre grupos ecologistas que rechazan toda nueva inversión y gobiernos que celebran alegremente cualquier megaproyecto, sin contar con una planificación estratégica ni con herramientas adecuadas para gestionarlos. Tal vez a la mayoría de los ciudadanos nos bastaría con un poco de planificación y racionalidad en la administración de los recursos naturales. De lo que hablamos es de gestión ambiental. De una nueva gestión ambiental, con nuevos conceptos y herramientas, pensada para los cambiantes escenarios ambientales de América Latina.

También analizaremos el *discurso ecologista* ante este nuevo escenario, que frecuentemente se confunde con el *discurso ecológico*.

La ecología es una ciencia fundamental para la comprensión de nuestro entorno y para el desarrollo de la gestión ambiental, mientras que el ecologismo es una ideología con un enfoque subjetivo de la problemática ambiental y no implica un abordaje científico u objetivo de los problemas que el hombre provoca en su entorno. Sin embargo, es demasiado frecuente la confusión entre ecología y ecologismo –asumir que un ecologista sabe de ecología es como asumir que un socialista sabe de sociología– son categorías distintas, no comparables.

La ecología es el inicio del camino de la gestión ambiental. Su objeto de estudio son los elementos de la naturaleza, describe relaciones, establece cómo funcionan los sistemas naturales y las leyes que los gobiernan, aporta los elementos teóricos para que otras disciplinas diseñen las soluciones prácticas. Se trata básicamente de una ciencia descriptiva y analítica –aunque la ecología moderna tiende a desarrollar un enfoque mucho más aplicado– en la que se soporta la gestión ambiental. En la ecología el hombre no es protagonista, es una especie más.

En el otro extremo y aunque no lo parezca, el ecologismo tiene un enfoque totalmente antropocéntrico; propone un ideal y al revés que en la ecología, su objeto de estudio es totalmente humano: la moral, los valores, la ética —ninguno de estos conceptos existe en la naturaleza, son construcciones propias y exclusivas del pensamiento humano—. El ecologismo expresa el *deseo ambiental* de la sociedad, en su forma más pura, sin los límites que imponen la economía, la tecnología u otros elementos de la realidad. Expresa el deseo ambiental como único motivador de la acción y, por lo tanto, como causa de permanente insatisfacción. Al final se hace evidente la contradicción entre su discurso y los resultados de su acción.

Si bien podríamos decir que en el amplio espectro en que se mueve la gestión ambiental la ecología es el extremo científico y el ecologismo es el extremo ideológico, en la realidad los límites entre la ecología y el ecologismo no son tan claros. Todos llevamos dentro a Mr. Hyde[1], un transgresor antisistema harto de convencionalismos cómplices —como el monstruo insomne de la novela de Stevenson, que recorre las noches de Londres.

Nuestro Mr. Hyde suele explotar ante distintas situaciones escandalosas, casi cotidianas, pero la contaminación ambiental lo subleva especialmente —y denuncia a empresarios contaminadores, tecnócratas complacientes, políticos omisos y corruptos—. Este Mr. Hyde ecológico es una desviación tan frecuente como peligrosa de la gestión ambiental, a la que nos dedicaremos en la segunda parte de este libro. Analizaremos el discurso ecologista como hecho social, que desde hace décadas pronostica una crisis ambiental de dimensiones bíblicas, un discurso autoritario y conservador, reactivo a los cambios y muy poco útil para resolver los graves problemas ambientales actuales.

---

1   Stevenson, R. L. (1886). *El extraño caso del Dr. Jekyll y Mr. Hyde*. Esta novela describe, mediante sus dos personajes centrales, lo que los psicólogos llaman el trastorno disociativo de personalidad, que hace que un individuo tenga dos o más identidades con características opuestas entre sí.

Pero también llevamos dentro a un temeroso Dr. Jekyll, que permanentemente autoimpone límites a su lucha por el ambiente: límites técnicos asociados a lo que la ciencia nos permite realmente hacer, límites económicos haciendo análisis de costo-beneficio de cada decisión que toma, límites legales para asegurar que sus decisiones se encuentren dentro del ordenamiento jurídico. Un Dr. Jekyll que opera en un contexto de recursos económicos limitados, que no tiene más remedio que establecer prioridades y que termina convirtiendo la utopía ecologista en un tímido y poco vistoso conjunto de acciones para calmar nuestra culposa conciencia ambiental.

La sociedad sufre esta bipolaridad: por un lado nos subleva el agotamiento de los recursos naturales y su mercantilización, y por otro, no dudamos en usarlos para satisfacer las necesidades de una población mundial que no deja de crecer. Todos convivimos con este trastorno de personalidad, nos fascina la naturaleza, pero solo si tenemos la certeza de que podemos regresar al confort de lo artificial; preferimos la vida natural, pero ante un problema serio buscaremos la mejor tecnología para enfrentarlo. El problema llega cuando uno de los dos personajes devora al otro y nos volvemos burócratas complacientes con el deterioro del ambiente, o conservacionistas reaccionarios opuestos a cualquier cambio.

Es urgente desarrollar un tratamiento para este desequilibrio ecológico de personalidad y seguramente algunas pistas se encuentren en conceptos y herramientas que ofrece la gestión ambiental, en un abordaje más riguroso y objetivo de la nueva realidad ambiental, lo que es imprescindible para quienes —desde la órbita del Estado o desde el sector privado— deben prevenir conflictos y administrar el ambiente en un contexto de recursos limitados y creciente complejidad. Discutiremos la aplicabilidad de herramientas de planificación ambiental estratégica en América del Sur, los megaproyectos de inversión y la creciente demanda internacional por nuestras materias primas. La oposición intransigente a los megaproyectos es la forma menos inteligente de gestión, pero la promoción irresponsable tampoco es una buena estrategia.

Por último, casi a modo de epílogo, abordaremos los desafíos de la gestión ambiental en el futuro próximo. La urgencia de dar respuestas que contemplen simultáneamente las necesidades de preservación ambiental y las necesidades de inversión e intervención humana en el territorio. Para eso, el continente debe superar el *discurso ecologista*, fuertemente conservador, mucho más religioso que científico, y sustituirlo por un nuevo tipo de *discurso ambientalista*, más pragmático, de bases científicas y que tenga el ordenamiento jurídico como contexto –un ordenamiento jurídico a mejorar, no a desconocer–. Aunque frecuentemente ecologismo y ambientalismo se usen como sinónimos, analizaremos las diferencias sustanciales entre ambos. A diferencia del discurso ecologista, en el que el hombre es el culpable del desastre y por lo tanto debe alejarse de la naturaleza para dejarla en paz, en el nuevo discurso ambientalista el hombre está en el centro de la escena –para bien o para mal, para destruir o para construir el ambiente–. Aunque aparente lo contrario, el ecologismo es un discurso moral, que poco tiene que ver con lo que ocurre realmente en el ambiente, mientras que el nuevo discurso ambientalista que debe elaborar el continente se debe sustentar en los problemas reales, en las posibilidades técnicas y económicas de resolverlos, se trata de un discurso menos vistoso pero verdaderamente crítico y propositivo, más útil para abordar los desafíos ambientales que enfrenta América Latina.

CAPÍTULO I
El nuevo escenario ambiental en América Latina

Para mí el progreso es si este año usted se siente más feliz
que el año pasado, no cuántos edificios se construyeron.
MANFRED MAX-NEEF

I. CRECIMIENTO ¿Y DESARROLLO?

El contexto mundial durante la década pasada ha impulsado el crecimiento económico de los países de América del Sur: aumento del PIB en todos los países del continente, aparición en varios países de una importante clase media con poder de consumo, demanda sostenida de materias primas por parte de China y otras potencias emergentes, son características comunes y prácticamente ningún país sudamericano ha estado ajeno a esa tendencia.

A 15 años de la crisis más importante de su historia reciente, el continente logró una década de desempeño económico favorable, caracterizado por el abatimiento parcial de la pobreza, la diversificación de mercados, el fortalecimiento del sistema financiero y el incremento progresivo de la inversión con relación al PIB.

Todos los gobiernos adjudicaron este crecimiento a su excelente gestión y anuncian lo cerca que está el país de ingresar al primer mundo. En realidad, ni tan calvo ni con dos pelucas. Si bien no hay dudas de que ha sido una muy buena década para América del Sur y que varios gobiernos han administrado inteligentemente esta bonanza, hay señales de alerta que no se deben desatender. Apenas bajaron los precios de algunas de las principales materias primas que exporta el continente, las economías se comenzaron a contraer en forma preocupante. Suramérica sigue manteniendo una fuerte dependencia de sus productos primarios –los *commodities* representan el 75 % de las exportaciones– y la mitad de las exportaciones de América Latina hacia China corresponden a cobre, hierro y soja, lo que incrementa la dependencia. De hecho, en 2012 y 2013 estas exportaciones se redujeron cerca de un 25 % debido a la caída de los precios[1] y en 2014 continuaron bajando, en 2015 comenzó a sentirse la retracción de las economías. Bolivia, Venezuela y Chile encabezan esta dependencia con el 90 % de sus exportaciones con base en productos primarios, mientras que el mejor desempeño lo muestra Brasil con un 50 % de primarización[2].

En el 2016 el crecimiento económico de América del Sur se ve seriamente comprometido pero muchas inversiones se desplazan a Centroamérica. Con economías pequeñas pero pujantes, varios países del Caribe lideran el crecimiento económico del continente.

Tal vez los precios internacionales se recuperen, tal vez sigan cayendo, lo que es indiscutible es que el crecimiento económico de América Latina está fuertemente influenciado por la demanda internacional y nuestra economía es básicamente primaria. Esta vulnerabilidad es mayor para los países que venden productos energéticos y metales, mientras que los países que exportan productos agrícolas tienen más estabilidad. Esta es la diferencia estratégica más importante del crecimiento entre los países del continente.

---

1 Richardson, J. (2 de junio de 2014). «China proyecta una larga sombra sobre América Latina». *Foreign Policy In Focus*. http://fpif.org/china-trades-latin-america/, también en: http://www.ipsnoticias.net/2014/06/china-proyecta-una-larga-sombra-sobre-america-latina/

2 Justo, M. (2 de mayo de 2013). «El fin del auge de las materias primas: ¿golpe para América Latina?» BBC Mundo. http://www.bbc.co.uk/mundo/noticias/2013/05/130509_materias_primas_america_latina_mj.shtml

Aunque no aparezca frecuentemente en el discurso ecologista, el resultado ambiental más relevante de una década de crecimiento fue la reducción de la pobreza. Para quienes colocamos al hombre en el centro de la escena, la falta de saneamiento, la proliferación de enfermedades hídricas, la basura como fuente de alimentación, la precariedad de las condiciones de trabajo y de la salud pública, son problemas ambientales centrales. Una sociedad con hambre no puede cuidar el medioambiente y hará un uso desesperado de sus recursos naturales, además de que la pobreza es causa directa de impactos ambientales. Y en el abordaje de estos problemas hubo avances importantes durante la última década.

Gobiernos de corte socialdemócrata y autodefinidos como de izquierda a lo largo de todo el continente durante una década hicieron especial énfasis en la redistribución de la renta, en la mejora de las condiciones de vida y en posibilitar que millones de personas ingresen a la *sociedad de consumo*, lo que sin dudas fue positivo, aunque ambientalmente no es gratis. Durante 10 años, las políticas simultáneas y en ocasiones coordinadas de estos gobiernos en la mayoría de América generaron un escenario inédito en el continente, que los nuevos gobiernos no pueden desconocer.

Uno de los riesgos de este contexto favorable está asociado justamente a la propensión que tienen los distintos gobiernos a asimilar el concepto de crecimiento con el de desarrollo. Una confusión ampliamente discutida, que entraña peligros significativos para el ambiente: una deformación que se manifiesta claramente en la subvaloración de los activos ambientales en la medida en que no sean explotados, y en los análisis de costo-beneficio para la evaluación de grandes proyectos que no consideran seriamente la variable ambiental.

Gracias a los inmensos estímulos al consumo suntuario, que obviamente están directamente relacionados con la exagerada explotación de los recursos naturales, se ha logrado instalar la idea de que producir más y consumir más es parte de la solución a nuestros problemas económicos y a partir de ahí la *obsolescencia programada* es una estrategia aceptable, hasta positiva. La presión mediática/social para que cambiemos el teléfono celular, porque apareció uno nuevo que nos permite saber en cada momento dónde está la estación espacial internacional o ubicar con precisión los radares de control de velocidad en la vía pública, hace que un joven sea capaz de matar –literalmente– para obtener ese modelo nuevo de teléfono. Estas demenciales pautas de consumo están condicionadas por las ganancias previstas por gigantescas empresas multinacionales y los gobiernos no tienen la capacidad de desatar ese nudo. Esta acepción de desarrollo –usado como sinónimo de satisfacción de las necesidades materiales de la sociedad– es imposible que sea sustentable; por el contrario, el desarrollo tiende al colapso. Desarrollo sustentable, planteado así, es el más fraudulento oxímoron[3] del discurso económico moderno.

SEA CLÁSICA O ECOLÓGICA, LA CULPA NO ES DE LA ECONOMÍA

Ante este dilema del crecimiento económico persiguiendo la utopía del desarrollo, pero que en realidad nos conduce hacia el abismo –independientemente de que esté más cerca o más lejos– han surgido varias disciplinas derivadas de las ciencias económicas, especializadas en abordar la problemática ambiental: la economía ecológica, la economía ambiental, la economía de los recursos naturales.

Se dice que los economistas dedican la primera mitad del año a predecir cómo se comportará la economía, y la

---

3   Según el *Diccionario* de la Real Academia Española, oxímoron es «Combinación en una misma estructura sintáctica de dos palabras o expresiones de significado opuesto, que originan un nuevo sentido». Por ejemplo, un silencio atronador o un pequeño gran hombre.

segunda mitad del año a explicar por qué no se comportó como estaba previsto. Más allá de la ironía, parece claro que la creciente complejidad y la interminable cantidad de interacciones –muchas de ellas subjetivas– que gobiernan los procesos sociales y económicos, hace difícil atrincherarnos exclusivamente en las herramientas de la economía clásica para abordar los nuevos escenarios. Incluso es discutible el carácter científico de la economía como disciplina capaz de predecir fenómenos con precisión y obtener resultados similares al repetir experimentos. En ocasiones el error está en pretender aplicar herramientas duras del método científico a fenómenos muy influenciados por aspectos sociales y psicológicos.

Cada vez que los organismos multilaterales de crédito –Banco Mundial, FMI, etc.– en un remedo de rigurosidad científica establecen las recetas que debe aplicar un país para mejorar su economía y luego la aplicación de las medidas provoca cualquier resultado menos el esperado, el organismo de crédito atribuye el desastre a errores en la aplicación práctica de las medidas. Así es muy fácil ser científico, si no hay que hacerse cargo de los resultados[4].

La revolución tecnológica –como etapa superior de la revolución industrial que en los siglos XVIII y XIX cambió el modo de producir y el alcance de la actividad económica moderna– ha sufrido una explosión de escala planetaria gracias al desarrollo de las comunicaciones y las nuevas tecnologías de la información. Hoy es innegable que la economía mundial se ha globalizado involucrando, para bien o para mal, a todos los rincones del planeta. Y es ante este contundente proceso de globalización que la economía clásica parece no tener todas las respuestas.

Ya desde los años ochenta del siglo pasado, ante la acelerada expansión económica, muchos autores alertaban

---

4   Trivers, R. (2013) La insensatez de los necios. *La lógica del engaño y el autoengaño en la vida humana.* «El autoengaño y las Ciencias sociales», pp. 318 – 335. Katz Editores. Argentina.

sobre la necesidad de que la economía como disciplina incorporara seriamente la variable ambiental y sobre todo la idea de finitud de los recursos naturales. Y es que ante un sistema que se basa en producir cada vez más y consumir cada vez más, sin apuntar a la equidad en la distribución, la concentración de las riquezas y el agotamiento de los recursos parecen ser un pronóstico más que razonable[5].

En este contexto surgió la economía ambiental, que adaptó conceptos de la economía clásica para contribuir a la gestión ambiental del nuevo escenario[6], y una de las herramientas principales que aportó fue la valorización de los *servicios ambientales*: los beneficios que obtienen los seres humanos por el funcionamiento de los ecosistemas –la depuración de efluentes en un humedal, la captura de CO_2 en un bosque, entre tantos– que ha resultado útil para incorporar la variable ambiental a los procesos de gestión en las empresas y el Estado. Pero indudablemente no es suficiente con tratar la variable ambiental como una *falla de mercado*[7], como algo que lamentablemente no ha sido tomado en cuenta e incorporarla a la contabilidad de las organizaciones empresariales. Y el nuevo escenario de globalización económica, de aceleración de los procesos extractivos y de indicios de agotamiento de distintos recursos a nivel planetario, alertaron a los investigadores acerca de la necesidad de un

---

5   Pengue, W. y H. Feinstein. (2013). *Nuevos enfoques de la economía ecológica. Una perspectiva latinoamericana sobre el desarrollo.* Lugar Editorial. Argentina.

6   Por ejemplo:
- *Capital ambiental* definido como los *stock* de recursos naturales que permiten un flujo sostenible de bienes y servicios. Son recursos que se deben mantener estables y no consumirlos en el desarrollo de los procesos productivos –se trata de un concepto asimilable a la definición de Capital, de la teoría económica de Karl Marx.
- *Externalidades ambientales*: Los costos que no son abordados en la contabilidad de un proceso productivo, que no los asume quien los genera y que afectan a terceros, como contaminación, erosión, etc. Usualmente están asociados a impactos ambientales difusos o acumulativos, en los que es difícil establecer relaciones firmes de causalidad entre el daño ambiental y una actividad económica específica.

7   Consecuencias negativas del funcionamiento del mercado que se producen cuando este no es eficiente en la asignación de los recursos disponibles –contaminación, corrupción, monopolios privados, etc.

enfoque más integrador; ya no bastaba con valorar cada recurso natural por separado, se hizo necesario considerar los ecosistemas como unidad mínima indivisible. El concepto de ecosistema implica que todos sus componentes están relacionados; pensar que podemos agotar uno sin desequilibrar el resto del ecosistema es un error. En ese contexto la economía ambiental evolucionó hacia la economía ecológica que, por ejemplo, revisó el concepto de *servicios ambientales* proponiendo en cambio el de *servicios ecosistémicos*, definidos como «las condiciones y procesos mediante los cuales los ecosistemas naturales y las especies que los conforman, sostienen y satisfacen las necesidades y el bienestar humano»[8]. El problema principal de la economía ecológica es que tiende a no jerarquizar entre distintos componentes del ecosistema: considera a todos igualmente valiosos, desestimando dos conceptos clave de la economía: *utilidad* y *escasez*[9], lo que la vuelve poco práctica para la administración ambiental ya que una premisa básica de la administración es que se deben satisfacer necesidades en un contexto de recursos limitados, lo que implica necesariamente una jerarquización. Si partimos de la idea de que todos los recursos son igualmente valiosos, no tendremos nada que administrar.

Lo más parecido a una economía verdaderamente ecológica son los trabajos realizados por el Centro para el Consenso de Copenhague[10], integrado por economistas de primer nivel –varios de ellos premios Nobel– y dirigido por Bjorn

---

8   La idea original fue formulada por Gretchen Daily y posteriormente profundizada por distintos autores. Daily, G. ed. (1997). *Nature's Services: Societal Dependence on Natural Ecosystems*. Island Press. Washington, D.C. El cambio de servicios ambientales a servicios ecosistémicos, en lugar de simplificar el concepto y hacerlo más preciso, lo volvió más amplio y genérico.

9   Obviamente estos términos no son contrarios, pero que algo sea *útil* puede conducir a su *escasez*. Y aunque los términos de utilidad y escasez en economía han sido definidos con una aparente asepsia científica, siempre conservan la conveniente ambigüedad de que dependen desde donde nos paremos: ¿es *útil* para un individuo o para la sociedad? Y la respuesta a esta pregunta puede llevar al engaño de creer que lo que es bueno para cada individuo es bueno para la sociedad. Este dilema es discutido de forma interesante en: Hardin, G. (1968) «The Tragedy of the Commons». *Science*. Vol. 162, No. 3859 pp. 1243-1248.

10   http://www.copenhagenconsensus.com/

Lomborg, quienes han demostrado de manera lapidaria que la mejor forma de invertir dinero en temas ambientales es combatir la pobreza y el hambre, el sida, los conflictos bélicos y que el gasto para enfrentar el cambio climático se parece mucho más a despilfarro que a inversión. Particularmente discrepo con esta opinión de Lomborg, ya que el gigantesco gasto asociado al cambio climático no es producto del desorden o la incapacidad de los administradores, ni siquiera se trata de un error, se trata de un negocio minuciosamente planificado.

El Centro para el Consenso de Copenhague establece periódicamente un *ranking* muy riguroso de los principales problemas ambientales –por sus impactos sobre la salud, los ecosistemas y la economía– que la humanidad debe abordar; el último de ellos estuvo encabezado por la desnutrición infantil, mientras que el cambio climático se encuentra muy lejos de los primeros lugares. Lomborg lo resume de esta forma: «Invertimos mucho para cumplir con las exigencias del Protocolo de Kioto. En un año con todos los recursos que destinamos ahí podríamos darle agua potable a toda la población del mundo. Y, disculpen, pero yo creo que darle agua potable a todo el mundo es más prioritario que cumplir con el Protocolo de Kioto. Eso es justamente lo que falta: ordenar los problemas en una lista de prioridades»[11].

El discurso oficial de la economía ecológica se ha alejado sustancialmente de este enfoque práctico y ha desarrollado una visión holística de los sistemas, con un abordaje desde la teoría de la complejidad, con el que se fue distanciando de la toma de decisiones concretas y comenzó a incorporar aspectos cada vez más subjetivos, éticos y morales, alejándose paulatinamente de los problemas ambientales reales que afectan a la humanidad.

Independiente de las nuevas disciplinas surgidas desde las ciencias económicas, debemos tener claro que el problema

---

[11] http://www.lanacion.com.ar/1555146-bjrn-lomborg-un-esceptico-del-pesimismo-ecologista-que-busca-salvar-el-planeta

de fondo no es disciplinar. Los problemas ambientales están estrechamente vinculados a la concentración de la riqueza y sus consecuencias –pobreza y exclusión social– y al agotamiento de los recursos naturales, y eso no se debe a que la economía clásica sea incapaz de analizarlos y dar respuestas. De hecho, los trabajos del Centro para el Consenso de Copenhague no se enmarcan en la economía ambiental, ecológica, de los recursos naturales o cualquier otra variante; emplean las herramientas de la economía clásica y sus resultados son tan contundentes como distantes del discurso ecologista global. En definitiva, lo importante no es si la economía es ambiental, ecológica o clásica, sino la forma en que nos relacionamos con nuestro entorno y cómo desarrollamos los procesos productivos. Análogamente a lo que ocurre con la ecología, donde lo importante no es si se trata de ecología urbana, ecología del paisaje, ecología social, o cualquiera de las decenas de variantes que se han acuñado, lo importante es que se conozcan y apliquen bien las leyes de la ecología –sea un lago, una ciudad, una sociedad o una fábrica lo que tomemos como ecosistema–. De hecho, si somos exigentes con la definición de ecología, podemos decir que la economía es una aplicación particular de esta.

MÁS AUTOS, MÁS FELICIDAD

Concedamos que desarrollo es mejorar la calidad de vida, la calidad del ambiente, la seguridad social, la seguridad personal, la educación; y además lograr que estas mejoras se mantengan en el tiempo cuando ya no se esté invirtiendo. Cuando decimos que la economía de América Latina creció en forma significativa durante una década, nos referimos en primer lugar a que exportamos más recursos naturales; en segundo lugar, exportamos más bienes, más alimentos y produjimos más dinero. En el mejor de los casos repartimos más equitativamente ese dinero. Sin embargo, existen aún

25

muchos problemas de calidad de vida en el continente y en algunos casos se agudizaron. Empezamos a sospechar que el crecimiento es un proceso estrictamente económico, mientras que el desarrollo es un proceso principalmente cultural y que uno no necesariamente lleva al otro.

¿Por qué gobiernos bien intencionados, con buenos planteles técnicos y disponibilidad de recursos, no logran resolver los problemas básicos de la sociedad, como la calidad de la educación o del ambiente, la seguridad ciudadana o la salud pública? Sin duda, la respuesta es compleja y las causas muchas, pero el enfoque economicista es una de ellas. Mientras las decisiones estén guiadas por una economía más financiera que humana, seguiremos buscando las soluciones en el crecimiento económico.

Esto puede parecer una exhortación vaga e idealista, pero en realidad es absolutamente práctica y apunta a administrar racionalmente los recursos naturales con que contamos. El asumir que *más* es sinónimo de *mejor*, que el crecimiento de la economía necesariamente redundará en calidad de vida –educación, ambiente, salud, etc.– es parte del problema.

¿Por qué los gobiernos celebran como un éxito que aumente la cantidad de autos cero kilómetros vendidos cada año? Básicamente están asumiendo que el poder de compra de automóviles nuevos es un buen indicador de calidad de vida.

Los economistas saben bien que un indicador para ser útil debe abarcar gran cantidad de información, que una sola medición sencilla debe describir una situación amplia. Por ejemplo, para evaluar la calidad de las aguas de una playa recreativa, medimos solo los *coliformes fecales* –dentro de las decenas de parámetros posibles– porque sabemos que este dato nos hablará de los riesgos para la salud de los bañistas, de vertidos de aguas cloacales, entre otras informaciones. Se trata de un buen indicador, una sola medición sencilla nos da información valiosa y amplia para gestionar la playa.

Volviendo entonces al ejemplo de la compra de automóviles nuevos, ese indicador me estaría hablando no solo del poder de compra de las personas –o de dudosos esquemas de financiamiento–, sino de un incremento en los gases de efecto invernadero y el deterioro de la calidad del aire en la ciudad, de mayor consumo de recursos naturales y generación de residuos de baja degradabilidad, del índice de accidentes y muertes asociadas, de embotellamientos, del estrés y sus repercusiones sobre la salud, del deterioro de la red vial y mayores impuestos, de posible desatención al sistema de transporte colectivo, etc.

Insisto entonces: ¿por qué es motivo de celebración que se vendan más autos? Esto no se debe a que los economistas sean torpes o mentirosos, se debe a que la economía financiera es el paradigma y en ese universo no son fáciles de integrar el tiempo libre o la contemplación de un paisaje.

Los neomalthusianos[12] están desesperados por el crecimiento de la población humana y seguramente tienen motivos, pero tal vez deberían preocuparse por la población de autos, que crece más que la humana y con mayores impactos ambientales. Ya hemos superado los mil millones de vehículos en el planeta y la venta no para de crecer –en el año 2005 se vendieron en el mundo 65 millones de vehículos y actualmente se venden más de 80 millones por año–[13]. Y aunque parece un tanto exagerado, los expertos predicen que el parque automotor en China se duplicará entre 2012

---

12 A partir de la publicación del *Ensayo sobre el principio de la población*, a finales del siglo XVIII, del demógrafo inglés Thomas Malthus, han surgido numerosas corrientes de pensamiento –agrupadas en maltusianos y neomalthusianos– que plantean que la población humana crece en forma exponencial a diferencia de los recursos que esta emplea, que lo hacen a tasas mucho más bajas; por lo que los límites al crecimiento de la población serán impuestos desde fuera, por la escasez. Interpretaciones apresuradas de la teoría de Malthus, sin considerar el papel de la ciencia y la tecnología en la producción de recursos para la población mundial, llevaron a lo largo del siglo XX a realizar diversos pronósticos apocalípticos, que periódicamente se renuevan.

13 Estadísticas de ventas de automóviles en el mundo en http://www.oica.net/category/sales-statistics/

y 2019, llevándolo a niveles similares a los de Estados Unidos y Europa juntos[14].

Sin mucho esfuerzo, un nuevo «malthusianismo automotor» notaría que los países con más vehículos por habitante no son los más poblados. Tanto China como EE. UU. producen algo más de 20 millones de autos por año, pero en EE. UU. viven 300 millones de personas y en China 1.400 millones. El resultado es que en EE. UU. hay un auto por persona y en China no llegan a un auto cada 8 personas. El problema no es la cantidad de personas sino lo que consumen y emiten las personas –en este ejemplo cada estadounidense consume aproximadamente por 10 chinos– y aunque el principal fabricante de autos, en términos absolutos, es China, la coartada de echarle la culpa a los chinos por la cantidad de vehículos se desmorona rápidamente –es como culpar a los campesinos colombianos por el narcotráfico–. En Suramérica, que entre 2005 y 2012 duplicó la cantidad de autos vendidos de 3 a 6 millones por año, alcanzando la tasa de crecimiento más alta del mundo, el crecimiento en la fabricación de autos se detuvo y en el ejercicio más reciente (2015) el continente volcó al mercado la misma cantidad que en el 2014, mientras que China mantiene para el mismo período una tasa positiva de crecimiento en la fabricación de automóviles, superior al 7%[15].

Pero la mayor debilidad de los pronósticos de colapso ambiental del malthusianismo es no considerar que los avances científicos y tecnológicos no tienen más límites que la inteligencia humana. Ningún sector de la industria ha experimentado avances ambientales tan espectaculares como la industria automotriz, que cada vez es más eficiente y menos contaminante, contribuyendo cada vez menos en la emisión de gases de efecto

---

14 AFP. (Sep, 2013). China sigue siendo la mejor esperanza de la industria automotriz mundial. *The Economic Times* http://articles.economictimes.indiatimes.com/2013-09-28/news/42481654_1_car-sales-global-auto-industry-motor-vehicle-manufacturers

15 Estadísticas de ventas de automóviles en el mundo en http://www.oica.net/category/production-statistics/2014-statistics/

invernadero. No tengamos dudas de que en pocos años todos los vehículos serán emisión cero, y aunque no es tema de este libro, tampoco tendrán conductor.

Definitivamente, crecimiento y desarrollo no guardan una relación de causalidad, incluso en ocasiones van en direcciones contrarias, podríamos mencionar muchos ejemplos en los que el crecimiento atenta contra la calidad de la vida y el ambiente. El consumo de alcohol, los casinos o la televisión basura también pueden contribuir al crecimiento de la economía, pero seguramente no contribuyan a la educación, la salud o la protección ambiental. Según Ronald Colman[16], el Exxon Valdez contribuyó mucho más a la economía estadounidense derramando su petróleo que si lo hubiera entregado a salvo en el puerto, porque todos los costos de limpieza, los pleitos legales y el trabajo de los medios de comunicación se agregaron a las estadísticas de crecimiento. Extremando esta hipótesis, las guerras modernas suelen ser un disparador del crecimiento económico, sin embargo nadie en su sano juicio las puede asociar al desarrollo.

Un inmenso cráter dejado por un proyecto minero mal gestionado o el suelo erosionado por las malas prácticas agrícolas no se reflejarán en las estadísticas del crecimiento económico. En una sociedad que persigue el crecimiento en lugar del desarrollo, no somos ciudadanos sino consumidores y no nos rodea la naturaleza sino los recursos naturales.

Hace apenas algunas décadas cada individuo consumía la mitad de recursos naturales que ahora, ¿y somos el doble de felices que hace algunas décadas? En absoluto. En los últimos 30 años hemos utilizado cerca de la cuarta parte de los recursos naturales del planeta, muchos de los cuales no son renovables a esta tasa de explotación –lo que los economistas ecológicos llaman «el consumo del capital natural»–, de modo

---

16 Colman, R. (1999). «¿Cómo medimos el progreso?» GPIAtlantic. http://www.gpiatlantic.org/clippings/mc_gpi_measgpisun_es.htm

que redujimos la capacidad del ambiente de generar un flujo de bienes y servicios naturales. Parece obvio que la relación entre consumo y felicidad no es directa, muy por el contrario, no es difícil demostrar que en muchos casos es inversa, que el consumismo es causa de insatisfacción, de depresión y de degradación ambiental.

Tal vez el desafío de un continente joven e innovador sea liderar un cambio de rumbo: *bajar la pelota y levantar la cabeza,* como se dice en el argot futbolero, desacelerar el crecimiento para construir modelos de desarrollo de escala humana[17], incluso el decrecimiento puede ser en determinados contextos una estrategia de desarrollo[18].

América Latina tiene condiciones muy favorables para innovar en el pensamiento ambiental y desarrollar una visión a largo plazo. Una década de crecimiento y, sobre todo, un inmenso capital ambiental, sumado al pronóstico de que durante los próximos años las economías de la región no tendrán mayores sobresaltos –más allá de los escándalos políticos que distinguen a nuestros gobiernos–, la reducción de la pobreza y gobiernos democráticos con sensibilidad social en todo el continente, son contextos muy favorables para la planificación estratégica. América Latina puede resolver la contradicción entre desarrollo y ambiente, construir el escenario inédito de un continente verde y desarrollado. Y tal vez, en el contexto de este gran desafío debemos ubicar a la gestión ambiental de los megaproyectos de inversión que desembarcan en el continente.

LOS MEGAPROYECTOS

Una característica del escenario ambiental del continente durante la última década fueron los megaproyectos de

---

17 Max-Neef, M. (1993). *Desarrollo a escala humana.* Editorial Nordan. Uruguay.

18 Capalbo, L. et al. (2011). *Decrecer con equidad.* Nuevo paradigma civilizatorio. Ediciones Ciccus. Argentina.

inversión de origen público o privado: decenas de miles de hectáreas de monocultivos intensivos: soja, eucalipto, maíz; grandes proyectos extractivos, megaminería, explotación de hidrocarburos; desarrollos inmobiliarios: megahoteles en zonas costeras, barrios privados en zonas rurales, megafábricas, megapuertos, entre muchos otros.

Se trata de inversiones de cientos de millones de dólares, que exigen cambios metodológicos sustanciales en su abordaje ambiental –evaluación ambiental estratégica, enfoque de planificación territorial, etc.–, que en nuestros países aún no están suficientemente desarrollados.

Estos nuevos emprendimientos de grandes dimensiones son recibidos por los gobiernos como motores de desarrollo, pero el movimiento ecologista los ve como la causa del agotamiento de los recursos naturales y del empobrecimiento del país. Seguramente la realidad dependerá de que se enmarquen en una planificación estratégica y de que se los gestione adecuadamente o no.

Ante esta situación y el anuncio de la instalación de una cantidad importante de nuevos megaproyectos de inversión a lo largo del continente, emerge como una necesidad impostergable la incorporación de la dimensión ambiental a la discusión sobre crecimiento económico, que aporte elementos concretos y útiles para que la discusión sea verdaderamente acerca de un nuevo tipo de desarrollo, y no solo de cómo crecer más. Con las particularidades ambientales, culturales, económicas de cada país, el nuevo escenario ambiental del continente tiene algunos tipos de megaproyectos en común, que analizaremos en el próximo capítulo.

Luego de estos primeros comentarios acerca de una década de crecimiento en América Latina, en los próximos capítulos intentaré aportar elementos para demostrar las siguientes hipótesis:

1. El crecimiento económico de la última década no fue determinante en los problemas ambientales de la región, los problemas hubieran ocurrido aún sin crecimiento económico, tal vez hubieran sido peor; la desesperación económica es el peor contexto para implantar políticas de protección ambiental. Por el contrario, la década de crecimiento contribuyó a resolver algunos problemas como los altos índices de pobreza, desnutrición y analfabetismo. Además, contribuyó a incorporar tecnología a muchos procesos productivos y de control ambiental. Para los niveles de desarrollo de América Latina, el crecimiento con base en la explotación de materias primas aún no es la ruta crítica en materia ambiental. Sin embargo, el modelo en que se realiza la extracción y producción con base en megaproyectos sí entraña riesgos ambientales significativos para la región.

2. El discurso ecologista históricamente conservador y reaccionario a los cambios, que persigue el retorno a un mundo natural –la utopía regresiva de volver a la naturaleza– no logró adaptarse a las necesidades de esta etapa y dar una respuesta constructiva ante la compleja realidad generada por los megaproyectos en el continente. Paradójicamente el discurso ecologista se consolidó como un discurso social exitoso, siendo celebrado por instituciones del Estado, por la academia y los medios masivos de comunicación. Un discurso social de apariencia cuestionadora, pero que en realidad no implica un riesgo para los planes de los megaproyectos que se instalan en la región.

Si estas hipótesis son ciertas, en los próximos capítulos discutiremos cuales son los desafíos ambientales que tenemos por delante.

2. LA MEGAMINERÍA.
ATRAPADOS ENTRE BOBOS Y PIRATAS

Como dijimos en el apartado anterior, el incremento en la demanda de materias primas por parte de China y otras potencias emergentes ha dinamizado la instalación de grandes proyectos extractivos a lo largo de toda América. Si bien ya son tradicionales en la mayoría de los países de la región –con Canadá y EE. UU. a la cabeza, desde donde salieron las más grandes empresas mineras, hasta Chile donde existen más de 3000 minas metalíferas–, estos nuevos megaproyectos extractivos que caracterizan el escenario ambiental de la última década tienen dimensiones inéditas en el continente.

Ya no es necesario usar como ejemplo la legendaria mina de plata de Potosí, en Bolivia, que dio el nombre al Río de la Plata y a la República Argentina, donde murieron millones de indígenas trabajando como esclavos. O Tegucigalpa, nombre que deriva del vocablo en lengua náhuatl «Taguz-galpa» que significa cerro de plata, refundada por los españoles con el nombre de Real de Minas de San Miguel de Tegucigalpa[19]. Ahora toda América es un continente minero, el desafío es que no deje de ser además un continente verde, que no pase a ser un continente tipo queso Gruyere.

Los proyectos mineros a cielo abierto han provocado en las últimas décadas cientos de conflictos socioambientales dispersos por casi todos los países de América. Minas de carbón, uranio, oro, plata, platino, cobre, plomo, hierro y otros metales son rechazadas por comunidades locales y el movimiento ecologista, y ya han ocasionado manifestaciones, represión y decenas de muertes por enfrentamientos.

---

19 Aunque la explotación minera prehispánica en Tegucigalpa es un tema muy discutido por los historiadores, lo que sí es indiscutible es que el desarrollo colonial de la capital de Honduras está indisolublemente asociado a la explotación de metales preciosos. Castillo, M. (2012). *Lecturas de la capital de Honduras*. Editado por la Alcaldía Municipal del Distrito Central de Honduras.

Aunque el discurso ecologista hacia cualquier mega-proyecto es de rechazo tajante y categórico con cierto grado de fanatismo, tampoco sería razonable atrincherarnos en la posición contraria, siendo escépticos ante la denuncia y aceptando cualquier proyecto. Y si en algún caso la alarma ecologista se justifica es con la megaminería. Son demasiados los megaproyectos de minería metálica en el continente que han provocado desastres ambientales de los que nadie se ha hecho responsable, que antes de comenzar la etapa de cierre han quebrado, dejando los pasivos ambientales para la sociedad.

En EE. UU., posiblemente la principal causa de pasivos ambientales sea el comportamiento irresponsable y fraudulento de grandes empresas mineras, las cuales han destruido y contaminado ríos y zonas fértiles en distintos estados. Los desastres ambientales provocados por la minería metálica durante la segunda mitad del siglo XX en varios estados de EE. UU. –Montana, Wyoming, Colorado, entre otros–[20], disparó un movimiento social muy activo y generó niveles de conciencia ambiental, que contribuyeron a transformar sustancialmente los controles ejercidos por los gobiernos. Un ejemplo muy divulgado es la mina de cobre Berkeley, aledaña a la ciudad de Butte en Montana, que operó desde la década de 1950 extrayendo metales por un valor aproximado de 70 000 millones de dólares, sin haber desarrollado un plan de cierre ni otras medidas básicas de gestión ambiental. Cuando fue abandonada en 1982, dejó cientos de billones de litros de agua totalmente contaminada por los drenajes ácidos, con un pH de 2,5 –en el que no existe ninguna especie de pez que pueda vivir–. Las autoridades estadounidenses estimaron que la prevención de los daños ambientales no le hubieran significado a la mina de Berkeley más que el 2 % de sus ganancias. Recientemente, la EPA (Agencia de Protección Ambiental de EE. UU.) obligó

---

20 Diamond, J. (2006). *Colapso. Por qué unas sociedades perduran y otras desaparecen.* Editorial Debate. España.

a la empresa ARCO –operadora de la mina– a remediar los daños, lo que si bien es un enfoque tardío y poco eficiente, no es una excepción, es una tendencia actual en EE. UU.[21]

Hoy es muy difícil que una gran empresa minera comience sus operaciones en cualquier estado de EE. UU. sin haber constituido una garantía económica, que asegure la disponibilidad de recursos para enfrentar cualquier contingencia ambiental y las remediaciones posteriores al cierre –aunque como veremos más adelante, este es aún un enfoque tardío e ineficiente.

En América del Sur, en los últimos años han estallado varios conflictos entre comunidades locales extremadamente pobres y proyectos mineros extremadamente rentables. Es el caso de la mina Conga, en Cajamarca, en el norte de Perú. Se trata de una de las inversiones privadas más importantes que recibirá el país en los próximos años –4 mil millones de dólares–, pero a la luz de la experiencia de la vecina mina de Yanacocha, explotada por la misma empresa estadounidense Newmont desde hace más de 20 años, la gente de Cajamarca duda de que la mina los beneficie en algo, de que algo de esos millones se quede en los Andes peruanos.

Las comunidades cajamarquinas dependen del ciclo hidrológico en esa microcuenca, que se soporta en un delicado equilibrio compuesto por varios lagos, jalcas[22], la niebla captada por la vegetación, las escasas precipitaciones y la evapotranspiración. El suelo ha desarrollado a lo largo de miles de años una gran capacidad de infiltración y retención de la escasa agua que recibe, alimentando los acuíferos subterráneos que

---

21 El gobierno de EE. UU. y el estado de Montana, alcanzan un acuerdo con la empresa ARCO, para remediar los daños ambientales de la mina de Berkeley. En: http://yosemite.epa.gov/opa/admpress.nsf/8a769d49720b9912852572a000650c00/746732fc9e0255f185256b88005adc40!OpenDocument

22 Las jalcas son ecosistemas andinos cercanos a los páramos, de suelo húmedo y rico en materia orgánica. Existen solo en el norte de Perú y por su ubicación en la cabecera de las cuencas de ríos de montaña, tienen un rol clave en la regulación de los ciclos hidrológicos locales.

dosifican lentamente aguas abajo, para aflorar en manantiales y turberas durante los períodos de escasez de lluvia[23].

En este mecanismo perfecto de la naturaleza –que abastece de agua a cientos de familias locales– basta con modificar la cobertura vegetal impidiendo la captación de niebla y las escasas lluvias, o la impermeabilización del suelo permitiendo que las precipitaciones sean arrastradas rápidamente a zonas bajas, para que se modifique todo el ciclo hidrológico y por lo tanto el ecosistema.

La población cajamarquina ya ha sufrido las mentiras y el saqueo –igual que muchas regiones mineras de Perú– y no confía en los estudios de impacto ambiental realizados por la empresa, que increíblemente de acuerdo con la legislación peruana son aprobados por el Ministerio de Energía y Minas –que es quien promueve el proyecto– y no por el Ministerio del Ambiente.

El reclamo de la mayoría de la población local –cuya beligerancia va en aumento y que ya ha dejado varios muertos– se puede resumir como la exigencia de consulta a las comunidades, de participar de las enormes ganancias que este tipo de proyectos generarán pero que no suelen repartir, y la gestión preventiva de los gravísimos impactos ambientales que la mina puede causar. No piden nada que no les corresponda.

Otro caso especialmente conflictivo es el proyecto aurífero Pascua-Lama de la empresa Barrick Gold Corporation, que desarrolla una de las minas más grandes del continente, también ubicada en los Andes, en el límite entre Argentina y Chile, que según múltiples denuncias implica riesgos inadmisibles para esa zona. Según distintas evaluaciones técnicas independientes, la obtención de cada gramo de oro en Pascua-Lama implica la remoción de muchas toneladas

---

23 Gallardo Marticorena, M. (2012). «Perú: el impacto ambiental del proyecto minero Conga: más allá de lo enunciado». *Servindi, Servicios en Comunicación Intercultural*. http://servindi.org/actualidad/61267

de roca y la contaminación de miles de litros de agua de ese ecosistema prístino[24]. En el caso argentino, la evolución del conflicto ha sido distinta, con la aprobación de una ley de protección de los glaciares, el veto de la presidenta de entonces, Cristina Fernández, y la participación de la Suprema Corte de Justicia. Incluso se han realizado referéndums en algunas provincias, frenando varios proyectos mineros. Pero en términos generales el desenlace no ha sido muy distinto que en el caso peruano.

Los temores no son infundados. La Barrick Gold Corporation está involucrada en una larga lista de conflictos con comunidades locales en varios puntos del continente, por ejemplo, sus minas de oro en el Chocó, el departamento negro del norte de Colombia[25]. Un departamento minero que supo ser el principal exportador de platino del mundo, y que hoy tiene niveles alarmantes de pobreza y violencia social, donde la actividad minera, lejos de ser una solución, está contribuyendo a agudizar la conflictividad.

Sin embargo, la pequeña minería artesanal, que es presentada por comunidades étnicas del Chocó como una alternativa, provoca daños ambientales incluso peores que los de las grandes minas de Barrick Gold Corporation. Con tecnologías obsoletas y sin controles ambientales, con condiciones de trabajo más que precarias, la minería artesanal ha sido causa de enormes daños a lo largo de toda América. Casos como este, en los que un análisis apresurado nos podría llevar a una oposición enérgica a la minería de gran porte y al apoyo de los pequeños mineros artesanales, son un verdadero desafío para que la región defina un rumbo en la gestión ambiental de megaproyectos mineros. La incorporación de tecnología y

---

24 Machado, H. et al. (2011). *15 mitos y realidades de la minería transnacional en Argentina.* Colectivo Voces de Alerta. Argentina.

25 «Tragedia de los pequeños mineros del Chocó». En http://www.arcoiris.com.co/2012/08/tragedia-de-los-pequenos-mineros-del-choco/

de avances científicos en procesos productivos de gran porte siempre es una buena noticia para el ambiente.

Los proyectos de megaminería metálica a cielo abierto tienen varias particularidades que complejizan su gestión ambiental:

La *primera* y más importante es, sin dudas, la magnitud de sus impactos ambientales. La cantidad de residuos que producen es inmensa –en ocasiones muy contaminados y de muy baja degradabilidad–, en los EE. UU. la minería genera cada año 1500 millones de toneladas de residuos, 10 veces más que todas las actividades domésticas y comerciales juntas. Sus efluentes, también contaminados, han arruinado ríos enteros, y la necesidad de arrasar ecosistemas superficiales para acceder al subsuelo ha provocado más impactos sobre la biodiversidad que la mayoría de las actividades productivas –a excepción de la agricultura–. Esto se hace evidente simplemente comparándola con otras grandes actividades extractivas, por ejemplo la petrolera, en la que no es necesario destapar vastas zonas superficiales –los pozos suelen ser intervenciones puntuales–, hay pocos residuos y efluentes y los impactos más importantes están asociados a derrames accidentales, y a diferencia de la minería metálica, el petróleo es biodegradable, por lo que estos derrames son impactantes a la vista pero no suelen provocar daños acumulativos a largo plazo.

Una *segunda* particularidad de los proyectos mineros es que desde su inicio tenemos la certeza de que tienen fin, de que el recurso se agotará y eso condiciona el enfoque de la gestión ambiental. En cualquier otro tipo de proyecto se suele apuntar a su sostenibilidad, por lo que la gestión ambiental se concentra en la etapa operativa y no se enfatiza en el abandono. Nadie que instale un puerto, un hotel, una fábrica o una plantación, planificará cómo hacer su cierre definitivo, se concentrará en las operaciones. Pero es un oxímoron hablar de *minería sustentable* cuando la actividad se basa en la extracción de un recurso no renovable. En los proyectos mineros la etapa más importante es el cierre, por eso hay que pensarlo muy bien desde el principio. Si bien en la minería de gran porte hay impactos muy probables y significativos de las operaciones –por ejemplo, la contaminación de aguas subterráneas, la pérdida de ecosistemas superficiales o el aporte de grandes concentraciones de metales a los ecosistemas, entre otros–, lo más importante en la minería es el plan de abandono, y es muy riesgoso autorizar el inicio de la extracción suponiendo que el plan de abandono se irá desarrollando en el futuro.

Los planes de abandono en la industria minera se deben diseñar detalladamente y comenzar a ejecutarlos desde el inicio de la etapa de extracción, no deben ser etapas sucesivas sino procesos simultáneos. Los cierres parciales deben estar planificados y acordados con los actores locales antes del inicio, y se los debe monitorear a lo largo de la vida del proyecto[26]. Hay demasiadas experiencias de minería pirata en el continente, como para confiar en una declaración de intención en estos proyectos.

Una tercera particularidad de los megaproyectos mineros, tal vez la menos importante, tiene que ver con el desarrollo histórico y cultural de este sector. Con honrosas excepciones, a nivel mundial las empresas mineras son especialmente reaccionarias y atrasadas, mostrando un desprecio innato por la protección ambiental. Mientras que otras actividades extractivas –como la explotación petrolera– han desarrollado rigurosas metodologías para estimar sus impactos ambientales e internalizar los costos de control y recuperación, en la minería se suele negar la existencia de los impactos. Y la negación es un muy mal inicio para abordar los problemas.

Para agravar esta situación, tampoco hay un sentido de arraigo en los mandos más altos. Los dueños y altos tomadores

---

26 Warhurst, A. y Noronha, L. (2000). *Environmental Policy in Mining. Corporate Strategy and Planning for Closure*. Lewis Publishers, 513 p. Boca Ratón, Florida, EE. UU.

de decisión no viven en la zona –usualmente tampoco en el país–. Esto puede parecer ingenuo, pero que la contaminación ambiental no tenga ningún doliente dentro de la empresa en los niveles que deciden la asignación de recursos económicos, que ningún alto directivo conozca los ecosistemas que han destruido y que menos aún sufra los perjuicios de esos daños, contribuye a un enorme sesgo financiero en la gestión ambiental y promueve que a la hora del cierre de la mina se prefiera quebrar y desaparecer, antes que afrontar los costos de la remediación. Por supuesto que este desconocimiento de la realidad local es un elemento accesorio, son los Estados quienes deben imponer reglas de juego y ejercer controles estrictos sobre la actividad minera. Estas particularidades no implican que sea una industria a erradicar, significa que debemos ser especialmente cuidadosos de su evaluación y gestión ambiental.

Si bien los grandes proyectos mineros –principalmente de extracción de metales e hidrocarburos por parte de corporaciones multinacionales– son objeto de conflictos ambientales a lo largo de todo el continente, en realidad la variable ambiental es accesoria en estos conflictos –aunque se la presente como elemento central en el discurso–; se trata de conflictos sociales, económicos y políticos, y si bien estos proyectos implican riesgos y pasivos ambientales muy significativos, son raras las ocasiones en las que se llega a debatir temas ambientales en profundidad, con bases científicas, con un enfoque constructivo y de gestión. El debate se suele reducir a posiciones extremas tan torpes como «No a la megaminería» y «Qué suerte que vino la empresa».

Para discutir acerca de la viabilidad ambiental de la megaminería a cielo abierto es necesario hacerlo sobre proyectos concretos, en lugares específicos, no se puede hacer en abstracto. Decir «no a la megaminería» es tan razonable como decir «no a las grandes fábricas». El tipo de riesgos ambientales, de impactos y de medidas de gestión será totalmente distinto para una mina de oro que para una de hierro o una de carbón. Y será distinto si el proyecto se ubica en una zona árida sin cursos de agua cercanos, en suelo agrícola con comunidades locales o en una selva tropical. Es imprescindible bajar a tierra el análisis ambiental para que no se trate exclusivamente de un discurso político, luego se podrá decidir «No, sí o depende a la megaminería».

La contaminación de ecosistemas con mercurio es un impacto muy probable de la minería ilegal de oro, que suele utilizar tecnologías obsoletas y prohibidas. Por otra parte, el consumo y contaminación con cianuro de decenas de miles de metros cúbicos de agua por día es un impacto probable de la minería de oro, lo que la hará inadmisible en zonas agrícolas donde el acceso al agua es un tema de supervivencia para las comunidades, pero este problema no existe con la minería de hierro —en la que no se emplea mercurio ni cianuro para amalgamar o separar metales—. De la misma forma, el drenaje ácido —provocado por la exposición a la atmósfera de las rocas que antes eran subterráneas y que son sometidas a la oxidación y las precipitaciones— es un impacto característico de la minería metálica —esta es una de las principales formas de contaminación de cursos de agua en EE. UU.—, pero no es un problema en las minas de carbón. A su vez, los impactos ambientales y sociales de las minas de carbón estarán más asociados a las emisiones atmosféricas y serán distintos, según las particularidades de las tecnologías empleadas, de las características ambientales del entorno, etc. Cada proyecto es distinto, cada ecosistema es distinto, para planificar la gestión ambiental de proyectos no es posible hacer generalizaciones. La gestión ambiental no debe tener bases ideológicas sino científicas, y siempre debe ser local.

Sin embargo, ocurre que usualmente la oposición a la megaminería es un discurso que no parte de la realidad local, existe un discurso ecologista global que se recrea de forma similar en cualquier contexto. Por supuesto que ni antes ni después del conflicto los ecologistas se quedarán a compartir las condiciones de pobreza de la comunidad local.

Obviamente no podemos desconocer que en muchos casos se trata de empresas multinacionales –australianas, canadienses, estadounidenses, indias, chinas– más fuertes que los propios gobiernos que las deben controlar, con ejércitos de técnicos y profesionales, y una disponibilidad de recursos que define cualquier debate. Sobre todo si quienes los evalúan y controlan son gobiernos e instituciones frágiles, que no están preparados para gestionar proyectos de esa envergadura.

Un síntoma del peso real de estas empresas ante los gobiernos lo constituyen los tratados de inversión. Históricamente los estados firman tratados –de libre comercio, de paz, de extradición, etc.– que para entrar en vigencia deben ser refrendados por los parlamentos de los países firmantes. Pero actualmente en muchos países de América los gobiernos firman también tratados directamente con las empresas megamineras, sin involucrar a un segundo país; en los hechos reconociéndole un estatus de Estado a una empresa minera. Estos tratados gobierno-empresa, que convenientemente se suelen llamar contratos de inversión, anteceden el desarrollo de casi todos los megaproyectos mineros y son cuestionados en todo el continente, porque su contenido –que no es sometido a la aprobación de las cámaras parlamentarias– es desproporcionadamente ventajoso para la empresa. Nuevamente, esto no es culpa de la minería sino de los gobiernos que firman estos contratos.

La gestión ambiental de la megaminería no debe quedar solo en manos de los gobiernos de turno, debería ser responsabilidad de toda la sociedad. Pero eso frecuentemente no ocurre, con un sector académico intelectualmente perezoso, que asume una posición militante en lugar de desarrollar herramientas científicas y tecnológicas para la gestión del nuevo escenario; con organizaciones ecologistas que se oponen de forma sistemática y rechazan cualquier posibilidad de gestión de los nuevos proyectos –la prohibición es la forma menos inteligente de gestión ambiental–. En la minería, la realidad es más compleja que «los buenos defienden la naturaleza y los malos se quieren llevar nuestros recursos».

La conveniencia de extraer los recursos minerales del subsuelo no está razonablemente en discusión –toda nuestra civilización se basa en el uso de recursos minerales–, hasta las tecnologías más verdes dependen de minerales extraídos del subsuelo; el argumentar que no se deben extraer más recursos minerales es de una precariedad que no permite mucho análisis. Lo que se debate es el cómo extraerlos –para no contaminar– y quién los debe extraer –para no perder sus beneficios–. Estos son dos temas centrales.

¿CÓMO EXTRAER LOS METALES?

No hay una respuesta única, depende de las características del yacimiento, no de nuestra voluntad. Pero increíblemente el discurso ecologista es de oposición a la minería de cielo abierto –aunque esta existe desde hace más de 20 000 años–, lo que nos llevaría a considerar como alternativa a la minería de socavón. Quien conozca algo de historia latinoamericana sabrá de miles de obreros sepultados o asfixiados, de la silicosis, de niños trabajando 12 horas en las minas –porque un adulto no cabía–, trabajando con un ave en el hombro, y si el ave no moría, podían seguir trabajando; eso sin remontarnos a la minería durante la dominación española, cuando murieron más de 5 millones de indígenas en las galerías de las minas de plata en Bolivia, principalmente en Potosí[27]. Eso es la minería de socavón.

---

27 Machado Aráoz, H. (2014). *Potosí, el origen*. Genealogía de la minería contemporánea. Editorial Mardulce. Argentina.

Hace poco más de un año los cuerpos de rescate turcos sacaban más de 300 cadáveres de una mina de carbón en la provincia de Soma. Una explosión en el interior de una de sus galerías, con trabajadores a más de 2 mil metros de profundidad, provocó la peor tragedia minera de la historia de ese país[28]. Si nuestra civilización seguirá extrayendo recursos del subsuelo, no tengo dudas de que, cuando sea posible, se debe hacer con minas a cielo abierto y no de socavón; si debemos elegir entre un agujero que afee el paisaje y la muerte de trabajadores, no puede haber dudas. Pero debemos insistir en que no es una garantía el solo hecho de que la mina sea a cielo abierto, cualquier industria extractiva puede hacer las cosas en forma inescrupulosa y tratar de evadir los controles. Las autoridades ambientales de Brasil aún no logran estimar los daños provocados por una avalancha de 50 millones de metros cúbicos de barro, derramados por la rotura de un dique en una mina de hierro de la empresa Vale en Minas Gerais, a finales de 2015. Más de una docena de muertos y otros tantos desaparecidos y la contaminación de miles de hectáreas de valiosos ecosistemas, hacen pensar que Brasil se encuentra ante su peor desastre ambiental de origen minero. Y ocurrió en una mina a cielo abierto; el tipo de mina no es una garantía para el ambiente, que sea de una empresa pública o privada tampoco, pero tal vez la respuesta esté en mejorar la evaluación y la gestión ambiental, en hacerlas más preventivas y más participativas, en aprobar regulaciones más exigentes y controles más estrictos. Quien haya visitado en la actualidad minas a cielo abierto debidamente gestionadas, sabe que las condiciones de trabajo no se parecen en nada a las de la minería de socavón –a excepción de la minería ilegal–. La tecnología y los equipamientos empleados hoy en la minería a cielo abierto la transforman

---

28 http://www.abc.es/internacional/20140513/abci-turquia-minero-muerto-201405131731.html

en una actividad de bajo riesgo para la seguridad y la salud de los trabajadores. El desafío está en la gestión ambiental de los proyectos para minimizar sus impactos sobre el entorno, y para eso existen herramientas –de planificación, evaluación y control– que permiten diseñar proyectos mineros dentro de los límites ambientalmente tolerables. Son bien conocidos los ejemplos de proyectos mineros de cielo abierto contaminantes –no solo el reciente desastre ambiental de Minas Gerais–, pero también es cierto que por cada uno de ellos existen cientos de minas que operan en forma ambientalmente adecuada y no provocan impactos inadmisibles.

En este punto es importante insistir en los planes de cierre o planes de abandono. La legislación ambiental de varios países de América acepta que el cierre es algo que se hará al final, cuando se esté terminando cada etapa de extracción. Esto no debe ser tolerado. Como dijimos antes, los planes de cierre se deben diseñar con el máximo nivel de detalle desde antes de iniciar la explotación del yacimiento y deben ser de acceso público. La autoridad ambiental debe controlar como elemento central de la gestión de la mina la instrumentación del plan de cierre, y la autorización ambiental debe tener un carácter precario supeditado a las evaluaciones periódicas por parte de la autoridad ambiental. El plan de cierre debe ser una espada de Damocles sobre la cabeza de cada proyecto minero –junto con las garantías, seguros y reaseguros.

¿QUIÉN DEBE EXTRAER LOS METALES?

Este es tal vez el mayor desafío de nuestros países. Los recursos minerales están ahí y está bien que se los use para obtener beneficios, pero esos beneficios deben ser invertidos de forma que las próximas generaciones también los disfruten. Muchas veces los yacimientos están en zonas rurales, habitadas por comunidades pobres de indígenas y campesinos explotados históricamente por los terratenientes locales –que no son mejores que los extranjeros–. Y la llegada de estas empresas abre posibilidades de organización de los trabajadores, de exigencia de mejores condiciones de trabajo –de horarios y salarios–, y permite a los gobiernos locales exigir cánones mineros y contraprestaciones que antes no existían. En muchos casos, la oposición a estos proyectos mineros es inducida por esos terratenientes locales que mantuvieron al campesinado en condiciones semifeudales, y lo que les preocupa no son los impactos ambientales de la mina, sino la organización y futuras reivindicaciones de los trabajadores.

En resumen, el desarrollo de megaproyectos mineros debe responder a una planificación estratégica desde el Estado, deben evaluarse y gestionarse ambientalmente para minimizar sus impactos sociales y ambientales, deben contribuir al desarrollo del aparato productivo, beneficiando a las generaciones actuales y a las futuras, y no solo exportar minerales. La gestión ambiental de los megaproyectos mineros requiere del concurso de distintos actores sociales, políticos y científicos.

La demostración de que esto no es imposible la constituye Brasil, con la empresa de propiedad mixta de mayoría estatal Vale, una de las mineras más grandes del mundo. Cuando decíamos al inicio de este capítulo que Brasil es el país del continente con la economía menos primarizada (cerca del 50 %) y que es uno de los primeros exportadores de automóviles del mundo, nos referíamos a esto, a una planificación estratégica del desarrollo del país en función de sus recursos naturales, a una política minera de largo alcance, geográfica y temporalmente. La empresa Vale es propietaria de puertos, construye vías férreas, desarrolla infraestructuras, es el mayor explotador de metales de Brasil, pero en el marco de una planificación estratégica del Estado. A la sociedad brasilera no se le ocurre decir a priori «No a la megaminería», analiza cada proyecto y lo gestiona según sus particularidades, algunos serán ambientalmente viables y otros no. Varios de los nuevos gobiernos del continente –autodenominados de izquierda o progresistas– han esbozado políticas de recuperación y administración directa de los recursos naturales, lo que puede constituir una oportunidad en la misma línea que la minera brasileña Vale. Sin embargo, la historia de la segunda mitad del siglo XX nos muestra que lo relevante desde el punto de vista ambiental no es si la gestión está en manos del Estado o de privados. El peor desastre nuclear –luego de Hiroshima y Nagasaki– fue el de Chernóbil, provocado por una central atómica estatal, y el peor derrame de petróleo de EE. UU. fue el de British Petroleum (BP) en el Golfo de México, provocado por una empresa privada. Desde el punto de vista ambiental, no es determinante si la gestión está en manos públicas o privadas, la autoridad ambiental debe ser fuerte e independiente y controlarlos a todos por igual[29].

VACAS, HIERRO Y DEMAGOGIA

En varios países la megaminería ha sido prohibida, República Checa y Grecia encabezan la lista en Europa. En América, Costa Rica aprobó en 2010 una ley que prohíbe la megaminería metálica a cielo abierto en todo su territorio; dos años después lo hizo Panamá, aunque limitada a zonas con fuerte presencia indígena, y ahora El Salvador va en la misma dirección según las declaraciones de su presidente Salvador Sánchez, quien no duda en afirmar «La minería es inviable en El Salvador». Y no sería extraño que más presidentes, atrapados por sus propios discursos electorales y susceptibles a las presiones de grupos ecologistas, siguieran el mismo camino. Pese a estos ejemplos, en América el proceso de prohibición ha tenido un carácter más provincial o

---

29 «Año de desafíos ambientales en el Uruguay». En http://www.bitacora.com.uy/noticia_641_1.html

estadual –por ejemplo Montana y Wisconsin en EE. UU., o Tucumán y Córdoba en Argentina.

Sin embargo, la tendencia actual a lo largo de todo el continente es que los grandes proyectos mineros se planteen en el marco de la legislación vigente, que es el mejor escenario para su planificación y control ambiental, incluso cuando la legislación no es suficiente, se la puede modificar y hacer más restrictiva y exigente. Por ejemplo, en Uruguay, un país esencialmente agrícola y ganadero, ante la llegada del primer megaproyecto minero el parlamento discutió y votó una Ley de Minería de Gran Porte, que fija altos estándares de desempeño ambiental e importantes cánones a pagar al Estado –incluso prevé la forma de distribución de esos ingresos–[30]. En el caso de Uruguay, donde la discusión se desarrolló en particular en torno a una mina a cielo abierto para extracción de hierro, la mina Aratirí perteneciente al grupo internacional de origen indio Zamin Ferrous, las características del debate no escaparon a la norma. Aquí también la discusión fue turbia y sesgada, el gobierno firmó en las sombras contratos de inversión con la empresa, sin informar al parlamento ni a la ciudadanía, y simultáneamente intentó ejercer presión sobre la autoridad ambiental para que aprobara el proyecto[31]. El movimiento ecologista –que es apenas testimonial en Uruguay–[32], respaldado por el discurso pseudocientífico de algunos sectores académicos más comprometidos con la militancia ecologista que con la investigación

---

30 Nueva ley de Minería de Gran Porte de Uruguay establece la obligatoriedad de auditorías ambientales internacionales, altos estándares de desempeño para los planes de cierre y cánones mucho más elevados que en la legislación anterior. En http://www.mineria.com.uy/nacionales/la-ley-de-mineria-de-gran-porte-en-el-parlamento-del-uruguay/

31 http://noticiasuy.com/Noticia/Portada/20131013/635172450824994897/Director_de_Dinama_denuncia_presiones_de_todos_lados_

32 El conflicto entre Uruguay y Argentina por la instalación de una planta de producción de pasta de celulosa en la margen uruguaya del río Uruguay hizo perder legitimidad y respaldo social al discurso ecologista en Uruguay. El movimiento ecologista anunciaba la inminente ocurrencia de una gran variedad de desastres ambientales si se permitía la instalación de la fábrica, pero contrario a esta advertencia, la planta hoy opera normalmente, con tecnologías de punta y menos problemas ambientales que muchas fábricas uruguayas y argentinas sobre las que los ecologistas no se ocupan.

en ecología, de forma engañosa hicieron un gran paquete con toda la minería a cielo abierto, en el que envolvieron la minería de oro y de hierro como si fueran casos similares, cuando son actividades que ambientalmente tienen muy poco en común. Además, el discurso ecologista es meridianamente claro en el caso de Uruguay: No importa lo que digan los estudios técnicos, la legislación vigente o la opinión de las mayorías, al movimiento ecologista no le interesa escuchar argumentos, sean técnicos, científicos o legales[33]. Tal vez lo más grave en el caso de Uruguay es ese comportamiento errático de la academia, concentrada en la única universidad estatal, que administra más del 90 % de los fondos públicos para investigación y de la que se hubiera esperado un análisis riguroso del proyecto minero desde el punto de vista científico, para desentrañar cada uno de sus impactos, investigar para mejorar ambientalmente el proyecto original asesorando al gobierno en la toma de decisiones, formando profesionales de alto nivel para que estén a la altura del nuevo escenario, para que lo lideren, para que propongan límites y diseñen mecanismos de control. Pero el camino que eligió la más alta casa de estudios de Uruguay fue convocar a un «juicio ciudadano». Conformó un panel ciudadano de 18 miembros asegurando variedad de edades, ocupaciones, procedencias e intereses, y sobre todo «que no sean expertos ni estén implicados directamente en la temática»[34]. Tal vez esto responda a una concepción de cómo debe ser la inserción de la academia en la sociedad, de cómo debe hacerse la extensión universitaria, o tal vez sea simple desconcierto. En otras palabras, la academia convoca a un jurado de 18 personas, a condición de que no sepan del tema. Se premia la ignorancia, como si los conocimientos sobre el tema constituyeran un perjuicio

---

33 «Para nosotros Aratirí no es posible, aunque tengan todos los permisos, ni aunque cumplan con todas las leyes». Convocatoria ecologista para enfrentar al proyecto de mina de hierro en Uruguay. En http://www.elobservador.com.uy/noticia/271052/ambientalistas-se-concentraran-este-lunes-en-plaza-independencia/

34 http://www.juiciociudadano.org/

y no un valor para la toma de decisiones. Esta modalidad de los juicios ciudadanos, propia de culturas sajonas, extrapolada a nuestra realidad es una tragicomedia, totalmente reñida con los objetivos científicos y el rol de la universidad.

Quizá es el gobierno el que debe demandarle –en representación de la sociedad– a las universidades estatales que desarrollen la investigación, la extensión y la docencia necesarias para responder con acierto y en forma anticipada a esta compleja realidad económica, social, ambiental, que la megaminería insinúa. Pero en lugar de eso, el propio Poder Ejecutivo se alineó con la idea del juicio ciudadano de la Universidad y anunció que convocaría a un plebiscito para que la ciudadanía decidiera qué hacer con la minería a cielo abierto. Más demagogia, nuevamente la prohibición en el horizonte, la forma menos inteligente y menos sostenible de gestión. Proyectos de una inmensa complejidad como este –que implica la instalación de una central térmica para suministrarle energía, la construcción de un mineroducto de cientos de kilómetros para transportar el mineral hasta la costa y una terminal portuaria para exportar el producto–, que implican procesos que le son totalmente áridos e inaccesibles a la gran mayoría de la ciudadanía, se dirimen en una consulta pública. Hay temas que el gobierno debe consultar a la ciudadanía –éticos, religiosos, morales– y hay otros en los que debe liderar apoyado por expertos en las diferentes disciplinas involucradas.

La cosa iba de mal en peor, pero unas semanas después de haber lanzado la idea del plebiscito en los medios, el gobierno ya no se acordaba de su propuesta y la iniciativa nunca se concretó. Una vez olvidado el empuje populista, se comenzó a transitar un camino más razonable y sostenible, la elaboración en un ámbito interpartidario y parlamentario de criterios y normas para regular las actividades mineras de gran porte en el país. Ese parece ser el rol del gobierno en esta etapa, el establecimiento de condiciones de operación y el desarrollo de una legislación que asegure a la sociedad que el proyecto será beneficioso. Pero no trasladar esta responsabilidad a la ciudadanía.

En el epílogo del ejemplo de Uruguay, casi como un homenaje al carnaval de Río 92[35], terratenientes locales que marchan a caballo hacia Montevideo disfrazados de gauchos y acompañados de sus peones, aliados con los sectores más radicales de la izquierda política, terminan de conformar el carnaval de la megaminería en Uruguay. El resultado es el empobrecimiento del debate, la discusión se reduce penosamente a «megaminería sí» o «megaminería no», y la gestión ambiental, la posibilidad de agregar valor a los procesos productivos, el desarrollo de investigación científica y tecnológica, quedan totalmente al margen.

Mientras la sociedad uruguaya debatía si la megaminería acabaría con los fértiles suelos agrícolas y ganaderos o si eran actividades compatibles, se terminó la década de crecimiento, los *commodities* bajaron de precio y la empresa india desechó su proyecto minero y se fue, casi sin avisar.

REGULAR ES MÁS INTELIGENTE QUE PROHIBIR

Son muchos los casos que demuestran que la prohibición de la minería de gran porte no implica que no se extraigan más metales, solo implica que la actividad se hará al margen de la ley, y ese es el peor escenario. Las terribles imágenes de los garimpeiros en Brasil han sido ampliamente difundidas, pero no menos escalofriantes son los resultados de la ilegalización de la minería en Venezuela, donde decenas de yanomamis han sido asesinados y el parque nacional Canaima ha sufrido severos daños ambientales por la minería

---

35 La Cumbre de la Tierra Río 92 fue considerada un hito por el movimiento ecologista que consideraba que se lograba unir a los más ricos y a los más pobres del planeta en una causa común. El devenir de los acontecimientos y las sucesivas cumbres, tan frívolas e inútiles como la primera, mostraron lo infantil de aquella interpretación.

ilegal de oro y diamantes, vastas zonas del sur de Venezuela son gobernadas por bandas mafiosas que esclavizan, contaminan y asesinan, mientras el Estado está ausente porque la minería formalmente no existe. Las campañas intransigentes en contra de la megaminería, opuestas a cualquier forma de diálogo, solo han promovido la minería ilegal, que es una de las peores lacras ambientales de la actividad minera.

Otro ejemplo interesante lo constituye la minería de carbón en Colombia, donde desde hace más de una década se han intensificado las iniciativas formales de exploración y explotación minera. Esta formalización es producto de un esfuerzo enorme para un país en guerra, en el que ocurrían 10 secuestros por día y al que las grandes empresas internacionales no querían ir, y por lo tanto la mayoría de la minería era ilegal, con todos los riesgos que ello implica. Pero desde hace algunos años los gobiernos colombianos han logrado promover inversiones internacionales que le están permitiendo formalizar la actividad minera, lo que no evita que Colombia haya empezado a experimentar los efectos colaterales asociados a la minería. Uno de los resultados indeseables fue el desembarco de Greenpeace en Colombia, oponiéndose a la megaminería y en los hechos contribuyendo a consolidar la minería ilegal[36].

La extracción de carbón en el norte del país convoca a algunas de las empresas mineras más grandes del mundo. Por ejemplo Cerrejón, la mina de carbón más grande del continente (exporta más de 30 millones de toneladas al año) es explotada por un consorcio de varias mineras internacionales; simultáneamente la compañía americana Drummond que explota varias minas de carbón en la Goajira, además de la extracción se encarga de toda la logística –carga, descarga, transporte terrestre y marítimo, entre otras actividades–. La

---

36 Otro desembarco de Greenpeace en un país del tercer mundo, que provoca más daños que soluciones. En http://martincarotti.blogspot.com/2014/01/greenpeace-llego-colombia-defender-el.html

ciudad caribeña de Santa Marta, donde opera el puerto de Drummond, sufre hoy los impactos de la industria del carbón mal gestionada: el transporte marítimo a cielo abierto provoca vertimientos de carbón en el mar, contaminación de las playas, alto contenido de material particulado en el aire, entre otros perjuicios.

Los controles ambientales de las autoridades samarias no son buenos y la gestión ambiental de los puertos es peor[37], pero la potencia de la industria carbonífera en Colombia no se va a detener. Colombia es el primer exportador de carbón de América del Sur y su producción no para de crecer. Entre los esfuerzos del Estado colombiano para sacudirle al país el estigma de riesgoso –a causa de la guerra y el narcotráfico–, que tanto daño ha hecho a su imagen y a su economía, está el lanzamiento, hace varios años, de una campaña internacional bajo el eslogan «Colombia: el riesgo es que te quieras quedar», una campaña que entre otras cosas resalta sus bellezas naturales y su biodiversidad. Pero simultáneamente, uno de sus destinos turísticos por excelencia, Santa Marta –la ciudad más antigua de América del Sur, rodeada de sierras y bañada por el Caribe, la cuna de la música vallenata y de historias de piratas– ve como proliferan las operaciones logísticas vinculadas al carbón, en plena zona turística; desde las playas –con arena cada vez más oscura– se puede ver la circulación de grandes barcazas transportando carbón a cielo abierto o la expansión del puerto industrial sobre la zona turística. Como discutiremos más adelante, el turismo de playa es una de las actividades más rentables, pero sobre todo de una rentabilidad distribuida equitativamente entre la comunidad local. Cabe preguntarse entonces, ¿quien se hará cargo de los pasivos

---

37 El último derrame de carbón en la costa de una de las ciudades caribeñas de Colombia desató el conflicto. ¿Quién se hará cargo del lucro cesante por la contaminación? http://m.eltiempo.com/colombia/caribe/tras-emergencia-en-una-barcaza-frenan-carbn-de-la-drummond/12582381 y http://www.rcnradio.com/noticias/fiscalia-anuncia-primeras-seis-imputaciones-por-caso-drummond-114725

ocasionados por el carbón mal gestionado en un destino turístico? ¿Quién pagará el lucro cesante del desempleo del sector y la interminable cadena de efectos negativos sobre la economía local que provocará la degradación ambiental de Santa Marta como destino turístico? Seguramente no será Drummond, que es una fiel representante de lo más reaccionario de la industria minera estadounidense[38].

Esta empresa, muy cuestionada por sus reiterados incumplimientos a la legislación ambiental, no ha cesado de tensar la cuerda hasta que el gobierno colombiano suspendió sus actividades portuarias, prohibiendo la carga y transporte marítimo hasta que no incorpore las mejoras de equipamiento y tecnología exigidas[39]. Esta suspensión, que está impactando aguas arriba su cadena productiva –extracción, transporte ferroviario, etc.– sin duda no habrá sido una decisión fácil para el gobierno colombiano, ya que Drummond emplea a más de 10 000 trabajadores, exporta el 30 % del carbón de Colombia y paga millones de dólares de impuestos. La empresa se queja de lo exagerado de la suspensión por parte del gobierno, pero omite decir que desde 2007 el Ministerio del Ambiente le viene exigiendo que instale en su puerto un sistema de carga de barcazas ambientalmente seguro y aún no lo ha hecho.

La minería de carbón en Colombia no se va a detener y el producto se seguirá exportando al mundo desde distintos puertos, por lo que el discurso efectista de prohibición

---

38 Dirigida por Garry Drummond, la empresa de Alabama ha protagonizado desde su llegada a Colombia conflictos ambientales en varias regiones del país; ha sido acusada de financiar grupos paramilitares y en 2001 un alto funcionario fue sentenciado a 38 años de cárcel por asesinar a dos sindicalistas.

39 El desempeño ambiental de la empresa estadounidense Drummond, propietaria de un puerto en Santa Marta, ha sido sistemáticamente deficiente y las autoridades se pararon firmes. En: http://online.wsj.com/news/articles/SB10001424052702304558804579373600899936102?mod=rss%20-%20Spanish%20Feed&mg=reno64-wsj&url=http%3A%2F%2Fonline.wsj.com%2Farticle%2FSB10001424052702304558804579373600899936102.html%3Fmod%3Drss%2520-%2520Spanish%2520Feed

radical e intransigente, como forma de frenar el deterioro ambiental, no solo es torpe, sobre todo es más útil a las grandes empresas contaminadoras que disfrutan esa pirotecnia ambiental sin que los controles ambientales mejoren sustancialmente ni las regulaciones se hagan más estrictas.

Por lo tanto, si organizaciones con la capacidad económica y mediática de Greenpeace quisieran hacer un aporte a esa problemática ambiental, podrían asesorar a las autoridades de Santa Marta con experiencias internacionales, contribuir en el desarrollo de legislación ambiental específica, entrenar a funcionarios de la administración local para que ejerzan mejor sus funciones de control, entre muchas otras iniciativas. Insistimos, la prohibición es la forma menos inteligente de gestión.

3. LOS MONOCULTIVOS Y LA INVASIÓN DE LOS GENES

En la historia moderna del continente, la mayor atención y las preocupaciones –de los medios, la ciudadanía y otros actores sociales– por la preservación ambiental se han concentrado en la actividad industrial convencional –con chimeneas– y en la calidad del ambiente urbano. Este enfoque se debe a múltiples causas: la acelerada migración y concentración de la población en las ciudades, el deterioro del ambiente en las grandes metrópolis, los impactos locales de las industrias, pero ha provocado una distorsión en la gestión, dejando en un segundo plano problemas ambientales de vital importancia, como los provocados por la actividad agrícola moderna –pérdida de suelos, erosión, llegada de contaminantes a los cursos de agua, etc.–. Y nos referimos a la agricultura moderna porque no siempre fue así. Los mayores niveles de desarrollo agrícola de toda América, en cuanto a diversidad de cultivos y satisfacción de necesidades locales los alcanzó el Imperio incaico, que cultivaba más de 100 especies vegetales, con niveles de complejidad agronómica muy superiores a los actuales. Los agrónomos de la época analizaban cada área y diseñaban los sistemas de cultivo según las particularidades locales, con sistemas de fertilización individualizados –con guano, cabezas de pescado, excretas humanas– y sistemas de riego más racionales que los contemporáneos.

Actualmente, Perú cultiva menos de la mitad de las especies que hace mil años, con sistemas ambientalmente insostenibles que tienden a empobrecer los suelos y que responden al mercado antes que a las posibilidades de los ecosistemas. Al no existir una planificación estratégica de la producción agrícola con base en su condición de país megadiverso, la mayoría de los 5 millones de minifundistas peruanos sufren la erosión, la salinización y la contaminación de sus tierras. Los grandes monocultivos son la máxima expresión del desprecio por la diversidad y de la producción en función del mercado global. Pero no toda la agricultura prehispánica tuvo el desarrollo científico de los incas. Algunos de los desastres de las civilizaciones más importantes de la historia americana fueron causados por el efecto sinérgico de las malas prácticas agrícolas y los cambios climáticos, procesos que en muchos casos se retroalimentan –por ejemplo, el colapso del Imperio maya, la cultura anasazi, entre tantas otras[40].

La percepción generalizada de que si está en el campo es bueno y natural, pero si es urbano es artificial y malo, ha profundizado la desatención y la falta de controles sobre los problemas ambientales asociados a las malas prácticas agrícolas, en todos los niveles de la sociedad, incluso con independencia de los perjuicios para la salud de las personas y la economía. Este sesgo en la identificación y jerarquización de problemas ambientales es especialmente riesgoso en un continente cuyo principal capital está asociado al suelo y a la

---

40 Diamond, J. (2006). Colapso. *Por qué unas sociedades perduran y otras desaparecen.* Editorial Debate. España.

producción de alimentos. Esta situación se ha agravado en las últimas décadas con el desarrollo acelerado de monocultivos en grandes extensiones y la producción agrícola intensiva.

La subestimación de los problemas ambientales provocados por malas prácticas agrícolas, constituye además una visión fragmentada de la problemática ambiental y omite que en la mayor parte del continente las ciudades son una centralidad en torno a la cual se desarrollan vastas regiones agrícolas. Esta vinculación no es superflua, mientras más productividad se obtiene del campo, más exitosa y próspera es la ciudad, pero la voracidad de consumo de la ciudad tiende a agotar los recursos que la sostienen, y posteriormente a sufrir sus consecuencias. Esta ha sido la historia del auge y el ocaso de los más grandes imperios del continente.

Actualmente, en varios países de la región cuya economía es de base agrícola, los mayores problemas ambientales que padecen –y que pueden ser irreversibles– son la erosión, la pérdida de suelos y la potencial desertificación. Y aunque este problema ha mostrado que puede ser desastroso para la economía y para la calidad de vida de las personas, el sesgo de excesiva tolerancia ambiental en la actividad agrícola hace que la opinión pública y los tomadores de decisión de los gobiernos no lo identifiquen como un problema grave y concentren su atención en la instalación de alguna industria con chimeneas, lo que se refleja en la acción de gobierno, en las asignaciones presupuestales, en la academia, en las organizaciones de la sociedad civil, en los medios de comunicación.

LOS RATONES CON CÁNCER

Esa percepción de que el campo es natural y ambientalmente mejor, ha comenzado a cambiar con la llegada de los organismos genéticamente modificados (OGM), conocidos como transgénicos, a los fértiles campos del continente. La lucha ecologista contra los transgénicos ocupa el lugar que a fines del siglo pasado tenía la lucha contra los plaguicidas, aunque en la actualidad con menos argumentos[41].

Si la percepción anterior respecto a la naturalidad del campo dificultaba los procesos de gestión ambiental –autorización y control– de las actividades agrícolas, y no se desarrollaban políticas estatales de promoción de buenas prácticas –rotación de cultivos, reducción de agroquímicos, etc.–, la lucha contra los transgénicos está generando una confusión aún mayor.

En los últimos años se han identificado los genes responsables de diferentes características de los organismos vivos –resistencia a condiciones climáticas adversas, tolerancia a herbicidas, crecimiento más rápido, producción de hormonas, descomposición de contaminantes– y la ingeniería genética ha desarrollado las herramientas para manipular estos genes, colocándolos en individuos de otras especies, para que adquieran los caracteres deseados.

El proceso consiste en aislar este gen, introducirlo en una célula del organismo que se desea mejorar y reproducir el organismo portador del gen beneficioso –transgénico–. Actualmente la transgénesis se emplea en muchos campos industriales, desde la producción de alimentos, la farmacología y la medicina, hasta la bioingeniería o la industria textil.

Como para todos los temas ambientales, los transgénicos no son buenos o malos en abstracto, depende de qué organismo sea modificado, qué característica se modifique,

---

41 Rachel Carlson describió en su libro *Primavera silenciosa* el efecto más nocivo del DDT sobre los ecosistemas, asociado a la pérdida de la capacidad de absorción de calcio por parte de las aves, lo que impide la calcificación de los huevos y hace inviable la descendencia. Este libro fue el disparador de una lucha ininterrumpida del movimiento ecologista contra el DDT hasta lograr su prohibición absoluta. Hoy se sabe que los perjuicios ambientales de su prohibición, en muchos casos fueron mayores que los perjuicios de su uso. La prohibición debió ser una decisión local en función de la realidad de cada país y no una imposición desde los intereses de países desarrollados. El DDT era la principal herramienta para controlar el mosquito causante de la malaria en África, su prohibición provocó en forma directa la muerte de millones de niños en ese continente.

para qué usos y sobre todo, en qué ambiente se liberará. Si bien estos aspectos son considerados por la legislación de todos los países de América, que prevén periodos de cuarentena antes de liberar un transgénico para estudiar posibles problemas ambientales, las presiones de las grandes empresas multinacionales para violentar esas regulaciones son muchas y a veces exitosas.

Algunos de los riesgos ambientales más importantes están asociados a la transferencia del material genético nuevo hacia otros organismos –flujo génico–, la colonización de lugares no deseados por parte de los transgénicos, el daño a organismos benéficos, y la coexistencia con la agricultura tradicional. Por eso, antes de autorizar la liberación de un nuevo transgénico –por ejemplo, soja, maíz o salmón– cada país tiene protocolos de campo y de laboratorio para asegurar su inocuidad sanitaria y ambiental. Incluso se prevé la aplicación del principio precautorio, que establece que ante niveles altos de incertidumbre respecto a la inocuidad del evento, no se autorice su liberación en el ambiente. Pero a la luz de los resultados, debemos decir que es una pulseada que empresas como Monsanto le vienen ganando por paliza a los gobiernos del continente.

Seguramente el mayor proyecto de ingeniería genética de la historia, que modificó tanto los hábitos alimenticios de una civilización entera, que forjó una cultura y una religión, que permitió levantar el imperio más grande del continente, fue la domesticación/invención del maíz, hace 5000 años, en el valle de Tehuacán –o alguna otra zona de México–. Fue un proceso largo, de cientos de generaciones, de hibridación y cruza de especies, de resultados obviamente exitosos.

Pero veamos algún ejemplo de más actualidad: los cultivos transgénicos resistentes al glifosato –maíz, soja– permiten usar grandes cantidades de este herbicida, matando todas las hierbas para que ninguna compita con la especie transgénica cultivada. El movimiento ecologista asegura que Monsanto,

Cargill, ADM y las otras multinacionales del sector ejercen una presión enorme sobre los gobiernos, al punto de que los resultados de los protocolos de seguridad son poco confiables, y que se esconden los resultados catastróficos de los transgénicos. Este era un discurso totalmente ideológico y sin bases científicas hasta la reciente publicación de un artículo en la revista Food and Chemical Toxicology.

Fue en agosto de 2012 cuando el discurso ecologista recibió un espaldarazo importante, gracias al biólogo francés Gilles-Eric Séralini de la Universidad de Caen, quien determinó que ratones alimentados a base de transgénicos desarrollan enormes tumores[42]. Por fin el respaldo científico a los ecologistas: ya no había dudas de que los transgénicos eran cancerígenos.

Pero pocos meses después, comenzaron a llegar las respuestas de algunos de los institutos de investigación en toxicología, cáncer y alimentación más importantes del mundo. El consenso de rechazo al artículo de Séralini fue abrumador[43]. En primer lugar, establecieron que la variedad de ratón usada para la investigación fue sospechosamente desafortunada, ya que esta variedad desarrolla esos tumores en condiciones normales. Los investigadores fueron rebatiendo uno a uno los resultados de Séralini, hasta concluir que no hay vinculación entre el consumo de OGM y el cáncer. Luego comenzaron a develarse las vinculaciones que motivaron su fraudulenta publicación. Ante la paliza que le estaban propinando, Séralini intentó responder desde el sitio web de su instituto, relativizando –con excusas muy pobres– los resultados de su investigación. Más allá de la anécdota, este tipo de fraudes son más leídos que los informes científicos y van cumpliendo su rol, el público

42 Séralini, G.-E., et al. (2012). «Long term toxicity of a Roundup herbicide and a Roundup-tolerant genetically modified maize». *Food Chem. Toxicol.* http://dx.doi.org/10.1016/j.fct.2012.08.005

43 Aguiar, M. (2013). «Los transgénicos y el viejo de la bolsa». *Semanario Brecha.* Uruguay. -tomado el 2-05-2013- http://brecha.com.uy/index.php/sociedad/1763-los-transgenicos-y-el-viejo-de-la-bolsa

termina asociando a los OGM con cáncer, lo que es un verdadero disparate.

La base de nuestro metabolismo consiste en desarmar lo que llega a nuestro estómago en sus partes esenciales, vamos a digerir la molécula de ADN que llegue a nuestro recipiente de ácido sin preocuparnos si corresponde al gen de una cucaracha o al de una lechuga. Pensar que ingerir unos genes nos hará daño y otros nos alimentarán es un gran error[44]. Más aún, al elegir una mazorca de maíz para nuestra sopa, deberíamos procurar que sea transgénica para asegurarnos de que no haya sido fumigada con plaguicidas –y por lo tanto de que sea más sana–. Cuando vamos al mercado, las mazorcas marchitas y diezmadas por la lagarta ya han sido retiradas; todas esas hermosas mazorcas en exhibición o fueron fumigadas con plaguicidas o son genéticamente resistentes, el consumidor debe elegir.

La Academia Nacional de Ciencias, Ingeniería y Medicina de EE. UU. acaba de publicar un informe con los resultados de un exhaustivo análisis de más de 900 trabajos científicos abarcando las últimas tres décadas, para concluir que no existe ninguna evidencia de que los organismos genéticamente modificados –OGM– provoquen algún daño sobre la salud de las personas, en el corto ni en el largo plazo[45].

Pero de estos temores místicos se alimenta el discurso un poco ingenuo y un poco reaccionario que propone que la investigación en biotecnología es un arma de las grandes multinacionales para aumentar sus ganancias y mantener sojuzgada a la población mundial. Además, ese discurso incentiva posiciones extremas, a favor y en contra, que dificultan analizar los problemas reales –y gravísimos– asociados

44 Mulet, J. M. (2014). *Comer sin miedo. Mitos, falacias y mentiras sobre la alimentación en el siglo XXI*. Editorial Destino, 1ª edición. Bs.As.

45 National Academies of Sciences, Engineering and Medicine (2016). *Genetically Engineered Crops: Experiences and Prospects*. Washington DC: The National Academies Press. Doi: 10.17226/23395.

a estos inmensos monocultivos. Por ejemplo, el hecho de que el glifosato (plaguicida empleado casi exclusivamente para soja transgénica) se use como si fuera agua: en Argentina el consumo de glifosato aumentó en los últimos 20 años de 1 millón de litros a 200 millones de litros[46]. El problema es que este plaguicida, que fue presentado como inocuo por las empresas fabricantes de transgénicos y autorizado como una sustancia no tóxica por parte de los gobiernos, ha ido acumulando pruebas de su toxicidad ambiental, de ser la causa del exceso de fósforo en los cuerpos de agua de vastas zonas agrícolas y de tener en algunos casos un efecto carcinogénico. Una discusión encendida en torno a la modificación genética –con trasfondos más religiosos que científicos– nos distrae de problemas para el ambiente y la salud directamente asociados a los monocultivos transgénicos.

MILLONES DE NIÑOS MUERTOS

Esta oposición casi religiosa que el movimiento ecologista hace a los alimentos transgénicos sería cómica si no estuviera plagada de ejemplos trágicos. Según UNICEF, más de 120 millones de niños no consumen los niveles de vitamina A recomendados por la Organización de las Naciones Unidas para la Alimentación y la Agricultura (FAO), lo que está provocando la muerte de más de un millón de niños por año, principalmente en Asia, África y América, y la ceguera permanente de cientos de miles. Lo criminal de esta situación es que hace ya más de una década un equipo de investigadores europeos, liderados por el científico Ingo Potrykus, desarrolló una variedad de arroz enriquecido con precursores de vitamina A, que permitiría combatir esta causa de mortalidad infantil en el tercer mundo, pero las presiones ecologistas

---

[46] Red Universitaria de Ambiente y Salud. En: http://www.reduas.fcm.unc.edu.ar/

lideradas por Greenpeace retrasaron más de 10 años la producción industrial de este arroz transgénico, conocido como arroz dorado. En ese periodo murieron 8 millones de niños por deficiencia de vitamina A[47].

Desesperado por la miopía que significaba la prohibición del arroz dorado, en 2001 el doctor Potrykus publicó un artículo explicando lo improcedente del debate y argumentando además que la oposición a Monsanto y otras multinacionales no justificaba el rechazo a un avance científico que podía salvar millones de vidas, de hecho proponía que la patente de este OGM fuera de propiedad pública[48].

Una vez que se fueron desbaratando los argumentos en contra de este arroz transgénico –del que se ha demostrado que no provoca impactos negativos sobre la salud ni el ambiente–, los más conocidos portavoces del ecologismo argumentaron que el alto contenido de B-caroteno cambiaba el color y sabor del arroz, por lo que contaría con la resistencia de los pueblos históricamente consumidores de este alimento. Tal vez es una decisión que el ecologismo debió dejar a la creatividad culinaria de las madres de esos 8 millones de niños.

El arroz es la base de la alimentación de más de mil millones de personas en el Tercer Mundo, pero es un alimento pobre en varios aspectos, por lo que su enriquecimiento con vitamina A puede ser un avance significativo para la salud de la población sin tener que cambiar sus hábitos alimenticios, lo que lo hace mucho más aplicable que el consumo de refuerzos vitamínicos, que además son extremadamente costosos e inaplicables en los sectores más pobres de la población.

Después de décadas de debates e investigaciones, por fin la Comisión Europea llegó a la conclusión de que «los OGM no

---

47 Otra vez el científico danés Bjorn Lomborg desbarata el discurso ecologista. En este caso muestra cómo la oposición fanática a los alimentos genéticamente modificados puede provocar miles de muertes y ningún beneficio. Más información en: http://www.slate.com/articles/health_and_science/project_syndicate0/2013/02/gm_food_golden_rice_will_save_millions_of_people_from_vitamin_a_deficiency.1.html

48 Potrykus, I. (2001). «Golden Rice and beyond». En *Plant Physiology*. Vol. 125, pp. 1157-1161.

implican un riesgo mayor para la salud o el ambiente que los alimentos convencionales»[49]; lo que permitirá centrar el debate en los elementos ambientalmente negativos de los grandes monocultivos, como la pérdida de biodiversidad y de servicios ambientales, la erosión o la contaminación con plaguicidas. Afortunadamente el hombre avanza y el arroz dorado es hoy una realidad en el combate del hambre y la ceguera infantil.

Al contrario del discurso de Greenpeace y de las especulaciones de Séralini, los transgénicos constituyen un avance científico notorio. Las ciencias médicas celebran la transgénesis como un avance histórico, por ejemplo con la producción de cerdos transgénicos para trasplantes o para la lucha contra la hemofilia, entre muchísimas aplicaciones. Sin embargo, no menos cierto es que el gran desarrollo de los transgénicos se ubica en la agricultura, donde han contribuido a concentrar el inmenso poder de cuatro o cinco empresas multinacionales de granos, semillas y plaguicidas, y han provocado resultados económicos desastrosos en pequeños productores rurales de todo el continente.

A fines de 2015, se autorizó la producción de salmón transgénico, el primer animal genéticamente modificado para consumo humano. Esta variedad de salmón posee el gen del crecimiento de otro pez, lo que permite obtener animales el doble de grandes en la mitad del tiempo. Desde hace 20 años se realizan ensayos en los EE. UU. para asegurar la inocuidad de este pez, hasta que por fin la FDA autorizó su producción y comercialización[50].

De inmediato comenzó el discurso de las alergias y el cáncer, la recolección de firmas y el lobby de los ecologistas. Seguramente ignoran que más de la mitad del salmón que se produce en el mundo proviene de la piscicultura, en sistemas intensivos de cultivo, con suministro de hormonas,

---

49 http://europa.eu/rapid/press-release_IP-10-1688_en.htm

50 http://www.bbc.com/mundo/noticias/2015/11/151120_salmon_modificado_aprobado_lp

raciones con muchos complementos de síntesis química, suplementos de antibióticos, saborizante de humo, entre otros elementos que nos podrían hacer dudar de la inocuidad de esos hermosos filetes de color naranja. Sin embargo, nada de esto genera la preocupación y el miedo que provoca la modificación genética.

Tal vez lo peor de este discurso que navega entre la ciencia y la religión, pero sin sumergirse en ninguna, es que distrae de los problemas reales que este OGM puede provocar, en este caso de sus impactos ambientales. Inevitablemente existe un porcentaje de los salmones de cultivo que escapan y se integran al medio natural, aquí estamos hablando de salmones del doble de tamaño y rápido crecimiento, que no solo competirán con las especies nativas, sino que también se podrán hibridar con el salmón silvestre generando desequilibrios enormes en los ecosistemas fluviales. Este es el problema en el que el discurso ecologista debería centrar su atención y exigir investigación científica sólida para dirimir el problema, no centrarse en las terribles enfermedades que contraeremos al comer salmón transgénico.

Y aquí está la confusión del movimiento ecologista, que lo lleva a sostener posiciones tan reaccionarias. Un discurso dogmático que no admite analizar cada caso y decidir localmente. En ocasiones quien provoca los daños no son los transgénicos sino algunas empresas multinacionales, a las cuales el debate planteado en los términos actuales les resulta muy conveniente. Que se siga discutiendo si los peces van a nacer con dos cabezas o si los campesinos brillarán en las noches, pero que no se discuta acerca de la extranjerización de la tierra, de la dependencia de las patentes, etc. Cuando el movimiento ecologista desarrolla el discurso sobre la base de los impactos de los transgénicos sobre la salud y lo hace sobre premisas falsas, lo condena a la inutilidad y deslegitima los verdaderos problemas, que en ocasiones serán ambientales, de salud, económicos y en ocasiones no existirán, es necesario analizar cada caso sin prejuicios.

Incluso los sectores más politizados del movimiento ecologista centran el discurso en que los monocultivos transgénicos suelen llegar de la mano de grandes empresas multinacionales, acelerando el proceso de extranjerización de la tierra y pérdida de soberanía, en el que los monocultivos industriales apuntan a la exportación de materias primas –eucaliptus, soja– y compiten en muchos casos con el papel protagónico histórico de América Latina en la producción de alimentos para el mundo. Adicionalmente, muchas organizaciones sociales denuncian que esta sustitución de los cultivos pone en riesgo la soberanía alimentaria de las comunidades locales, que tradicionalmente producían sus alimentos. La realidad no parece tan lineal. Un caso claro es el de Argentina, que a mediados del siglo pasado era una de las 5 o 6 economías más fuertes del mundo y ostentaba el título de «granero de América», sin embargo, la pobreza en vastas zonas rurales –sobre todo en las provincias del norte del país– era superior al 70 % y la mayoría de los bebés padecían anemia, la riqueza se concentraba en Buenos Aires y «el Norte Grande» parecía pertenecer a otro continente. Es una fantasía muy urbana creer que esas personas, por vivir en el campo, tendrán más acceso a los alimentos. En la década de 1970 Argentina tenía sembradas cerca de 40 mil hectáreas de soja, en la actualidad tiene más de 15 millones de hectáreas sembradas de soja transgénica y la pobreza y el hambre se han reducido sustancialmente en las provincias norteñas[51]. Esto no se debe a que coman soja, sino a políticas de distribución del ingreso más equitativas.

En resumen, no es en la «sojización» de la agricultura donde hay que buscar las causas del hambre de las comunidades locales. El problema ambiental más importante de este

---

51 http://www.indec.mecon.ar

modelo es la sustitución de ecosistemas. Si donde teníamos un bosque hoy tenemos un gran monocultivo, habremos perdido en servicios ambientales –ciclo hidrológico, captación de CO_2, biodiversidad, entre muchos otros– y esa pérdida no se repartirá equitativamente. En segundo lugar, el nuevo ecosistema monocultural que ocupa el lugar del bosque provocará un empobrecimiento del suelo y posiblemente de su entorno –erosión y desertificación, arrastre de sedimentos, nutrientes y agroquímicos a los cursos de agua, entre otros–. Estos problemas no son nada despreciables para el futuro de la humanidad; nuestro planeta tiene cerca de 150 millones de km^2 de tierra de los cuales aproximadamente 30 millones de km^2 tienen condiciones aptas para la agricultura, pero esta tendencia global de producir biomasa mediante extensos monocultivos intensivos en grandes extensiones, está provocando una tasa de erosión de 100 mil km^2 por año, lo que habla de la gravedad del problema.

Pero nuevamente el movimiento ecologista coincide con los grandes terratenientes, que mantienen con sus trabajadores relaciones de tipo feudal –trabajando mucho más de 8 horas y pagándoles con vales– y que también rechazan a las empresas que pretenden introducir la industrialización al campo.

Estas grandes empresas agrícolas son un muy mal ejemplo, los trabajadores ingresan en la era industrial, se sindicalizan y exigen mejoras. Si bien en muchos países de América parte de la producción agrícola está en manos de pequeños campesinos, en la mayoría existen también grandes latifundistas, que desde hace más de cien años mantienen casi invariables las injustas relaciones de producción. Pero eso ha comenzado a cambiar, actualmente los trabajadores rurales comienzan a sindicalizarse y muchos trabajan en empresas internacionales. Esto no solo ocurre en el plano laboral, algo similar pasa en los temas ambientales, donde la mayoría de los incumplimientos –uso de plaguicidas prohibidos, tala de flora protegida, entre

otros– están vinculados a hacendados locales que históricamente manejaron «su» ambiente sin ningún control externo.

Como dijimos antes, la legislación ambiental en casi
todo el continente tiene un marcado sesgo industrial y urbano, dejando al agro en un segundo lugar, y algunas de las
actividades que están generando los problemas ambientales
más graves no pasan siquiera por un proceso de autorización
ambiental. Sin embargo, también hay señales positivas, la
incorporación de tecnologías y la profesionalización de la
actividad agrícola empiezan a exigir más y mejores monito-
reos, mayores controles y la aplicación de planes de manejo
de suelos que apunten a su sostenibilidad.

Como vemos, el escenario generado por los megaproyectos agrícolas es complejo, y una visión maniquea nos
aleja de la realidad, los cultivos transgénicos no son el fin
del mundo, pero los monocultivos no son inocuos para el
ambiente. Se trata de una realidad que debe ser gestionada
con medidas concretas, regulaciones planes, etc., más que con
discursos ideológicos.

Según la FAO, 30 mil millones de dólares al año son
suficientes para que ninguna persona muera de hambre en el
mundo –30 veces menos que lo que se gastó en un año para
apoyar al sistema financiero de EE. UU.–, pero aún hoy, cientos de millones de personas pasan hambre y viven por debajo
de la línea de pobreza. Nuestro continente tiene la responsabilidad histórica y la oportunidad inédita de preservar su
ambiente y simultáneamente producir alimentos, ambas son
responsabilidades estratégicas. Y esto está mucho más asociado
a la incorporación de ciencia y tecnología en el desarrollo de
políticas ambientales en el Estado, que a un discurso bucólico. En esta arista del problema, también deberá jugar un rol
central la formación de los profesionales universitarios vinculados al agro, la cual hoy se concentra en la producción y tiene
a los temas ambientales y sociales en un lugar muy accesorio.

En realidad, la modificación de salmones no es el único caso de manejo genético de animales para consumo humano. Hace pocos años un grupo de científicos neozelandeses desarrolló una vaca transgénica, cuya leche la pueden consumir las personas alérgicas a la lactosa. Todas las personas de mente más o menos abierta celebramos este avance para la salud y la alimentación infantil, aunque a juzgar por antecedentes como la demora (de 10 años y millones de niños muertos) para autorizar el arroz dorado sin más justificación que las presiones ecologistas, tal vez dentro de 20 o 30 años se autorice la producción de leche transgénica.

Pero el proceso de modificación genética va mucho más allá. Los avances científicos y tecnológicos en genética son cada vez más acelerados y baratos, lo que en el futuro repercutirá en todos los planos de la vida. En poco tiempo la transgénesis contribuirá a llevar las emisiones de gases de efecto invernadero a los niveles del siglo XIX. Según el Grupo Intergubernamental de Expertos sobre el Cambio Climático, órgano dependiente de la ONU (IPCC, por sus siglas en inglés), la ganadería genera más del 20 % de los gases de efecto invernadero. Buenas noticias, entonces. la ganadería como la conocemos hoy tenderá a desaparecer a lo largo de este siglo, ya existen empresas que producen carne de aves y de reses sin criar animales, varias de ellas están afinando detalles para volcar al mercado bistecs tan ricos como los naturales –y mucho más sanos– pero producidos en un laboratorio de biotecnología, sin emitir gases de efecto invernadero.

El medicamento más eficaz para combatir la malaria es la artemisina, que se extrae de la Artemisia annua, una planta de crecimiento lento y difícil de cultivar. Pero un grupo de científicos de Berkeley logró introducir genes de Artemisia annua en una levadura –de crecimiento muy rápido en laboratorio– y recientemente se empezó a producir industrialmente artemisina de levaduras, lo que es una excelente noticia para millones de familias pobres en todo el mundo. La modificación de microorganismos patógenos para que dejen de serlo o vacunas hereditarias son algunas de las áreas en las que un grupo de audaces empresas dedicadas a la Biología Sintética desarrollan sus actividades[52]. Sin dudas la rama más pujante de las ciencias biológicas es la Biología Sintética, una disciplina de borde que se pasea entre la biología y la ingeniería.

La modificación genética no siempre es tan simpática y sobre todo genera cierta aprensión cuando los genes que modifican son los nuestros. Para terminar este capítulo comentemos brevemente la tendencia que se está manifestando en ese sentido.

El proyecto que logró secuenciar el genoma humano demoró más de una década en obtener resultados y costó más de 3000 millones de dólares. Un proyecto de secuenciación genómica hoy cuesta menos de 3000 dólares y no insume más de un mes de trabajo a alguna de las empresas dedicadas a la Biología Sintética que existen en el mercado. Ya hay varias empresas ofreciendo este servicio que puede ir desde la modificación de características de un organismo hasta la fabricación de organismos nuevos.

Nunca fue tan acelerada como en la actualidad la incorporación de avances tecnológicos a la solución de problemas de la vida cotidiana. Y en un momento no muy lejano parecerá una locura dejar la genética de nuestros hijos librada al azar de la recombinación de lo que a sus padres les tocó en suerte[53]. Y ahí tendrá un sentido no sólo metafórico preguntarse si nuestros hijos pertenecerán a nuestra misma especie.

---

52 Ingenieros de la biología están realizando aportes enormes para mejorar la salud pública y la calidad ambiental en pequeñas empresas dedicadas a la biología sintética como http://www.syntheticgenomics.com/ o http://ginkgobioworks.com/

53 Bilinkis, S. (2015) *Pasaje al futuro*. Editorial Sudamericana, 3ª edición. Buenos Aires.

La Biología Sintética ha logrado un nivel de control sobre la genética humana que hace inminente la posibilidad de su transformación, de convertirnos en individuos más aptos –¿y por qué no incorporándonos ADN de otras especies?–, pero pronto nosotros seríamos otra especie (de todas formas no podemos olvidar que hace menos de 50 mil años en el mundo convivían varias especies de seres humanos y quedamos solo nosotros más por un proceso de exterminio que de hibridación).

Para el combate a las enfermedades, al hambre y al agotamiento de los recursos naturales esto es una gran noticia. Para la moral, la religión y para el natural discurso conservador de cualquier sociedad, el manejo de nuestro genoma es inaceptable.

Muchos cambios no son tan sencillos de juzgar como totalmente buenos o totalmente malos, es necesario hacer análisis de costo–beneficio, analizar riesgos y oportunidades. Si no hacemos esto, si no proyectamos los escenarios futuros, la tendencia natural será de reacción a los cambios. El problema es que si optamos por atrincherarnos en el status quo, de todas formas estos cambios se operan de manera vertiginosa.

La reparación genética y posteriormente el uso de la transgénesis en los humanos está científica y cronológicamente muy cerca, la manipulación genética puede hacernos más saludables, aumentar la esperanza y sobre todo la calidad de nuestras vidas. Entonces, la pregunta que se hará la sociedad será: ¿Por qué no hibridarnos? ¿Por qué no usar en nuestro organismo ADN de otras especies asegurando que nuestra descendencia sea más apta que nosotros?

En principio, la justificación de la oposición a la transgénesis humana es moral, no científica. Pero la Historia muestra que la moral en las sociedades puede ser cíclica (una sociedad puede execrar la tortura y unos años más tarde torturar en forma sistemática a ciudadanos por razones políticas o religiosas), pero las ciencias naturales no son cíclicas, siempre avanzan y si la transgénesis en humanos es la solución a enfermedades y mejora nuestra adaptación a las condiciones ambientales, tarde o temprano se llevará adelante y la moral en las sociedades apuntará en otras direcciones.

Para que la moral de una sociedad no sea circular y la ciencia no sea caótica, la moral y las ciencias deben trabajar juntas, dialogar y potenciarse, de forma que el avance de la sociedad sea una espiral ascendente. El principio precautorio[54] aplicado a las investigaciones en genética humana es un buen ejemplo al respecto, experimentar mucho, madurar como sociedad, esperar antes de aplicar en humanos los descubrimientos de los que tengamos algún recelo. Cautela, pero no negación.

4. LA ECOARQUITECTURA Y LOS CASTILLOS EN LA ARENA

Otro tipo de megaproyectos que se están instalando en todo el continente son los grandes desarrollos inmobiliarios y hoteleros en zonas costeras.

Podemos definir las costas desde muchos enfoques, podemos decir que son el borde entre el territorio y las grandes masas de agua, que son una delicada membrana semipermeable sometida a múltiples presiones antrópicas, y todo es cierto. Pero no menos cierto es que la costa es la zona del territorio donde tienden a concentrarse las mayores inversiones inmobiliarias –más de la mitad del turismo mundial se concentra en ellas–, hacia donde se está mudando la población que tiene mayor poder de consumo y por lo tanto la que genera más emisiones al ambiente.

El m² de playa es el m² más rentable del territorio en cualquier país que tenga costas aptas para el turismo. Algunos

---

54 Fullem, G. (1995) *The Precautionary Principle: Environmental Protection in the Face of Scientific Uncertainty.* 31 Willamette L. Rev. 497 (Heinonline).

países europeos han estimado con bastante precisión los miles de dólares de utilidad que deja cada m² de playa, repartida entre muchos actores –desde la hotelería cercana y los vuelos hacia el destino turístico hasta los vendedores ambulantes–, rentabilidad que obtienen los actores públicos y privados más diversos, pero que no se generaría si la playa no estuviera ahí, o no tuviera las características que la hacen apta para el turismo. Esta rentabilidad, que ha provocado la voracidad inmobiliaria en América Latina, usualmente no está acompañada por ningún tipo de cargas impositivas específicas ni por controles ambientales acordes a la magnitud de las inversiones. Las playas son los bienes públicos más rentables y los más desprotegidos, que están siendo objeto de apropiación indebida y depredación acelerada.

Aquí vale comentar la fantasía de «la playa pública». Desde niños escuchamos que la playa es pública, como las aceras, de hecho nos sorprendemos y nos indignamos cuando vemos un muro que llega hasta el agua y que interrumpe nuestra caminata por la orilla. Malas noticias, en varios países del continente las playas no siempre son públicas, pueden tener un dueño como cualquier parte del territorio, lo que asegura la legislación es que sean de *acceso* público, pero no que sean de *propiedad* pública.

Y muchos inversores juegan al «filo del reglamento» para desarrollar fastuosos emprendimientos inmobiliarios, presionando en ocasiones a los organismos del Estado con los millones de dólares que sus inversiones volcarán al mercado local.

Tal vez el estereotipo lo constituyen los gigantescos complejos hoteleros en las costas del Caribe, a metros del mar, que reciben a decenas de miles de turistas durante todo el año, en la modalidad *all inclusive* –que en español significa «coma y beba hasta reventar»–. Enormes hoteles ubicados uno al lado de otro a lo largo de cientos de kilómetros, donde antes hubo manglares –bosques de la zona intermareal, esenciales para la salud de muchos ecosistemas marinocosteros– o cordones de dunas que aseguraban la reserva de arena para la playa, luego de los huracanes, donde desovaban tortugas en peligro de extinción que ahora, al salir del agua, encuentran bares en la playa y turistas que las esperan para una *selfie*.

En muchos casos estos grandes complejos hoteleros se desarrollan en zonas sin saneamiento para las aguas cloacales de sus miles de huéspedes, sin una adecuada recolección de residuos sólidos ni otros servicios ambientales básicos. Se instalan en función de la demanda, de lo que el turismo internacional pide, no en función de la planificación estratégica de los gobiernos, que apenas atinan a administrar lo mejor posible esa avalancha de proyectos faraónicos.

Otra de las fantasías sobre la que vale la pena detenernos es que los grandes complejos hoteleros contaminan, pero los pequeños asentamientos de construcciones precarias son ambientalmente buenos. En realidad, un conjunto de ranchos en la costa puede ser un pueblo de pescadores que soporte una capacidad de carga adicional de turistas, pero también puede ser un asentamiento en permanente y desordenado crecimiento, que vierta todas sus emisiones en la playa.

En nuestras costas existen desde siempre comunidades locales, pero una cosa son las personas cuyo sustento y forma de vida dependen de su asentamiento en zonas costeras –pescadores artesanales, minifundistas, comerciantes–, a las cuales el Estado debe proteger y asegurar su afincamiento, el acceso y la administración de los recursos naturales, y otra cosa son las personas que teniendo su vivienda permanente y su sustento a cientos o miles de kilómetros de distancia «colonizan» una playa pública para asegurar sus vacaciones.

Un gran hotel de una cadena multinacional puede ser un desastre paisajístico para una playa o respetar los más altos estándares de desempeño ambiental y observar alturas, retiros y densidades previstas en la legislación; puede ser muy contaminante o tener un comportamiento ambientalmente adecuado, eso no depende de la cantidad de estrellas. De la misma forma, el conjunto de pequeñas casas de playa puede ser contaminante o ser muy amigable para el ambiente –hay muchos ejemplos de los dos casos–, por lo tanto, es imposible compararlos en forma genérica. El resultado en ambos modelos –las grandes inversiones inmobiliarias y la colonización veraniega– puede ser la degradación del ambiente, el problema de fondo es que ninguno de los dos son modelos de desarrollo local, sino de apropiación de la costa.

Los impactos ambientales siempre se evalúan en concreto, para cada situación específica. No existen impactos ambientales en abstracto, o como resultado inevitable e inherente a un tipo de actividad. No tenemos más remedio que analizar cada caso específico, y este análisis se debe hacer en función de las causas del impacto: efluentes líquidos, residuos sólidos, emisiones atmosféricas, ruidos, entre otros. Por ejemplo:

- *Los efluentes*. Provengan de un gran hotel o de un conjunto de pequeñas casas, las aguas cloacales no se deben verter sin un tratamiento que asegure al menos el cumplimiento de los estándares legales; de lo contrario, lo más probable es que al cabo de cierto tiempo tengamos contaminadas las aguas subterráneas más superficiales y aparezcan enfermedades hídricas, entre otros impactos.
- *Los residuos*. Si bien el consumo determina cantidades y calidades distintas de residuos sólidos, que provengan de una modesta casa o de un gran hotel no es lo que determina su capacidad de degradar el ambiente. Las baterías provocarán daños a un curso de agua o a una duna, independientemente de que sean usadas para la linterna en el *camping*

o para el control remoto de un aire acondiciona-do en la habitación del hotel. En ambos casos, la gestión de residuos sólidos debe asegurar la pre-vención de la contaminación.

Podríamos comparar todos los aspectos ambientales –emi-siones atmosféricas, ruidos, etc.– pero lo importante es que cualquiera de los dos modelos debe asegurar la sustentabilidad, mediante las herramientas disponibles –cumplimiento de la legislación, evaluaciones de impacto ambiental, planes de ordenamiento territorial, evaluación ambiental estratégica, sistemas de gestión ambiental, entre otras.

LA FAJA DE DEFENSA DE COSTAS Y EL CAMBIO CLIMÁTICO

La medida de gestión costera que ha resultado más efi-caz hasta el momento es el establecimiento de una «faja de defensa de costas», presente en la mayoría de las legislacio-nes de América Latina. Una zona de amortiguación en las playas que se extiende desde la línea de ribera hacia el terri-torio, y que debe permanecer sin intervenciones para prote-ger las playas. Más allá de que en algunos casos se viole ese retiro espacial, se tratará del incumplimiento de una norma vigente y se podrá reclamar la rectificación.

Esta faja de defensa de costas es muy variable a lo largo de todo el continente. Oscila desde 40 metros en algunos estados de México, hasta varios cientos de metros en Bra-sil, pero siempre se trata de una distancia preestablecida. Un caso distinto en el continente y verdaderamente digno de análisis, es la Ley de Costas de Cuba[55], en la que esas

---

55 El Decreto-Ley N° 212 de Gestión de la zona costera, promulgado en año 2000 por la República de Cuba, establece las distancias de retiro en función de cada tipo de ecosistema. Una particularidad de esta norma son los esquemas y dibujos que la acompañan, para hacerla más amigable y apropiable por cualquier usuario.

distancias se definen en función de la presencia y fragilidad de los ecosistemas –manglares, cordones de dunas, barrancas, desembocaduras, etc.– y no de una cantidad preestablecida de metros. La herramienta de gestión desarrollada por la República de Cuba exige un enorme esfuerzo de estudio de la relevancia y sensibilidad de cada ecosistema costero para saber cuáles se deben preservar, cuáles se pueden intervenir y en qué medida.

Un hecho llamativo es que aunque los mayores riesgos para las playas están asociados directamente a la creciente urbanización, los más importantes esfuerzos de investigación en la región están enfocados en reducir la vulnerabilidad ante eventos climáticos extremos y a mitigar los impactos del cambio climático sobre las costas. El clima es uno de los sistemas más complejos de la naturaleza y predecir su comportamiento en las próximas décadas es un ejercicio sumamente difícil, pero predecir cómo se comportarán las costas –que a su vez se encuentran en permanente transformación– ante esos cambios climáticos, es casi un ejercicio de brujería. Un terremoto puede revertir en un momento procesos costeros de miles de años y hacer aparecer en segundos una nueva isla[56], un efecto no previsto puede revertir el proceso de deshielo de muchos años y hacer crecer la Antártida[57].

Desde hace años, el Grupo Intergubernamental de Expertos sobre el Cambio Climático (IPCC), organismo de la ONU encargado del tema, intenta modelar el impacto de las actividades humanas sobre el clima, pero los cambios en el clima son el resultado de innumerables factores –muchos de los cuales ni siquiera están medidos– que interactúan y provocan efectos

---

56 Aparece nueva isla luego de terremoto en Pakistán. En: http://noticias.terra.com.pe/internacional/aparece-nueva-isla-luego-de-terremoto-en-pakistan,c176d4d7b3151410VgnVCM20000099cceb0aRCRD.html

57 La Antártida recupera su hielo. En http://nationalgeographic.es/noticias/medio-ambiente/calentamiento-global/la-antrtida-recupera-su-hielo

sinérgicos, diferentes ante cada una de las innumerables combinaciones posibles. Cada año el IPCC publica un informe en el que hace predicciones para todo el siglo, y en el informe del año siguiente dedica un capítulo a explicar por qué no se cumplieron sus pronósticos del año anterior.

Pero la intervención inmobiliaria excesiva y desordenada en las zonas costeras es un problema concreto sobre el que podemos incidir con resultados claros. Dedicarnos a especular sobre qué pasaría si la temperatura del planeta baja 1 grado o sube 2 dentro de 50 años no parece la mejor forma de invertir los recursos destinados a la investigación costera, mientras se siguen construyendo grandes hoteles dentro de su zona de protección.

Aún sin poner en duda los apocalípticos pronósticos del cambio climático –pese a que cada vez tienen más de político y menos de científico– parece poco acertado que ese sea el principal criterio para gestionar nuestras costas. Sobre todo si tenemos en cuenta la premisa de que la gestión ambiental siempre debe ser preventiva y local. La gestión ambiental no se hace en abstracto, se hace sobre el territorio y sobre actividades específicas que provocan emisiones al ambiente. Es decir, debemos trabajar sobre las causas locales y objetivas que provocan los impactos ambientales, intentando siempre diseñar intervenciones concretas para eliminar esas causas.

Decir que los problemas ambientales son locales no significa desconocer que los procesos productivos inciden directa o indirectamente en distintas regiones; incluso, la internacionalización de la economía lleva estos impactos a ecosistemas cada vez más remotos. A lo que nos referimos es a que, para que la gestión ambiental sea eficaz, debemos ubicarla en cada uno de esos remotos ecosistemas afectados y no en formulaciones generales respecto a la globalización. Lamentablemente, es un fenómeno demasiado frecuente que las mismas personas que están preocupadas por los efectos que el cambio climático provocará en las costas, no tengan ningún problema en construirse su casa de veraneo sobre una duna en esas mismas costas que les preocupan.

En resumen, para desarrollar la gestión ambiental de las playas debemos tener el control de las actividades que provocan impactos ambientales, y claramente eso no ocurre con el cambio climático. Por más que se haga un discurso vago acerca de que es una responsabilidad de toda la humanidad, de que debemos cambiar «nuestros» hábitos de consumo y andar más en bicicleta, es difícil argumentar que tenemos control de las causas si el 50 % de los gases de efecto invernadero de origen antrópico son emitidos por dos países –Estados Unidos y China–, mientras que toda Latinoamérica y el Caribe juntos emiten menos del 10 %. Y menos control tendremos si se demuestra la hipótesis de que el mayor aporte al cambio climático no es humano sino natural, por ejemplo, por los ciclos de actividad solar.

En ocasiones, adjudicar la degradación de las playas al cambio climático es para los gobiernos una forma políticamente correcta –aunque operativamente inútil– de evadir su propia responsabilidad de ordenamiento, gestión y control de las zonas costeras. Si una playa llegara a desaparecer por el aumento del nivel del mar –aunque parezca un argumento de Robert Zemeckis[58] el establecer como causa de los impactos actuales un fenómeno que aún no ocurrió–, las autoridades no pueden hacer nada además de solicitar fondos de cooperación internacional y quejarse de los insostenibles hábitos de consumo del hombre moderno. Pero si la degradación de la playa se relaciona con causas más tangibles que el cambio climático, como la construcción sobre las dunas, el vertido de efluentes en las playas o la deforestación

---

[58] Escritor y director de la saga *Regreso al futuro*. En http://www.bttf.com/

de las costas, entonces las autoridades locales deberán asumir su responsabilidad de gestión.

¿ECOARQUITECTURA?

Una de las respuestas a este desarrollo inmobiliario tan acelerado en las zonas costeras es el auge de la ecoarquitectura, caracterizada por diseñar con una estética acorde al paisaje, con porcentajes bajos de ocupación del terreno, utilizando materiales constructivos disponibles en el lugar –madera, barro, etc.–, fusionando texturas y formas con volúmenes ambientalmente equilibrados, empleando los servicios ambientales –energía, agua, saneamiento–proporcionados por el entorno natural.

Esta corriente arquitectónica se inició en la década de 1930 y su hito más importante fue la casa *Falling water*[59] en Pennsylvania, diseñada por el arquitecto Frank Lloyd Wright, quien introdujo conceptos de arquitectura ecológica muy innovadores para su época. En sus orígenes se trataba de una arquitectura bioclimática, que consistía en diseñar tomando en cuenta las condiciones climáticas locales, para reducir costos, consumo de recursos naturales e impactos ambientales en general. Pero en su resurgimiento actual se trata de algo más superficial, con mucho más *marketing* verde que aplicación de tecnologías adecuadas.

En realidad hoy, a la luz de los conocimientos y tecnologías disponibles, la arquitectura es más ecológica si es más artificial. Al revés del discurso más difundido de la ecoarquitectura, construir una casa de madera implica que estaremos utilizando periódicamente productos químicos para protegerla o que hemos empleado maderas duras, de árboles que demoran mucho más tiempo en crecer –que son menos renovables.

---

59 La maravillosa obra del arquitecto Frank Lloyd Wright http://www.fallingwater.org/

Una de las consignas más divulgadas de la ecoarquitectura es «construir con elementos naturales, disponibles en el lugar». Se trata de una exhortación de apariencia razonable, que persigue principalmente minimizar el transporte –por sus costos económicos y ambientales–, y reducir la introducción de elementos ajenos que modifiquen el ecosistema. Pero, ¿qué pasa con esos «elementos naturales, disponibles en el lugar»? ¿Esos no se deben preservar? Por construir con los elementos naturales disponibles en el entorno Europa destruyó sus bosques. La industria de la construcción de la Edad Media, desde casas hasta puentes y castillos, se basó en el uso de madera «disponible en el lugar» y cuando comenzó a escasear y se la sustituyó por piedra, la madera siguió siendo imprescindible para andamios y otras estructuras, así que salieron a talar bosques en el Nuevo Mundo. Más apropiado que construir con los elementos del entorno es no tocarlos.

Para proteger el entorno será preferible utilizar elementos constructivos sintéticos, que no interactúen con el medio, que duren más tiempo que elementos naturales, que hayan sido diseñados con criterios de eficiencia energética, etc.

Una arquitectura con más incorporación de tecnología, más artificial, será más ecológica. Si construimos en las costas casas de una planta con una densidad de ocupación baja tendrán la apariencia de algo ambientalmente amigable, pero en realidad utilizaremos mayor cantidad de materiales, con menos eficiencia, mayores consumos y costos, ocupando más territorio, que si esas mismas construcciones las concentramos en una torre delgada y alta –sin dudas desde el punto de vista ambiental será mejor construir en altura–. En principio, es esperable que un edificio alto, empleando la mejor tecnología disponible para la construcción, el mantenimiento y el acondicionamiento –térmico, lumínico, etc.–, sea ambientalmente mejor para la zona costera que un conjunto de casas bajas de madera, que usen materiales del lugar y estén esparcidas por el terreno –obviamente, al hablar de casas de madera se piensa en un mínimo nivel de confort, no en chozas–. Si uno de los problemas ambientales más dramáticos de la actualidad es la extinción de especies por modificación de hábitats[60], la posición más conservacionista será construir en altura, interactuando lo menos posible con los ecosistemas edáficos, la flora y la fauna. Estos aspectos son medibles, por lo que se puede comparar en forma objetiva el desempeño ambiental de ambos enfoques para la construcción. Frecuentemente vemos manifestaciones de rechazo a la construcción de torres de apartamentos en zonas costeras que aún no tienen construcciones en altura, pero no provoca ninguna reacción negativa que la misma cantidad de unidades habitacionales se implanten horizontalmente, a lo largo de la costa, con impactos enormemente mayores para el ambiente. Claro que las construcciones en altura deberán respetar retiros mayores desde la línea de ribera, para no provocar sombra sobre la playa, no modificar los patrones de viento y no afectar el transporte de arena.

Algo similar ocurre con los efluentes domiciliarios en las zonas costeras. Las soluciones individuales recomendadas por la ecoarquitectura para tratamiento y reuso de efluentes –por ejemplo humedales artificiales, baños secos y otras tecnologías de relativa eficacia–, tienen sentido solo en ausencia de un sistema de saneamiento colectivo que asegure la conducción de los efluentes de toda la zona. Los sistemas individuales suelen ser un dolor de cabeza para el usuario que les debe dar mantenimiento, asegurarse de que están operando adecuadamente y que será el primero en sufrir las consecuencias de un mal funcionamiento. Desde el punto de vista ambiental, es mucho más riesgoso tener miles de puntos de tratamiento a controlar que una conducción única y un solo punto de vertido. En una zona rural donde la densidad de viviendas es muy baja, no es

---

60 2011 – 2020. Decenio de las Naciones Unidas sobre Biodiversidad. Convenio sobre la Diversidad Biológica. En http://www.cbd.int/undb/media/factsheets/undb-factsheets-es-web.pdf

posible tender redes de saneamiento y se debe recurrir a soluciones individuales, pero en zonas costeras en las que se prevé un desarrollo urbano importante, se deberán realizar obras de saneamiento que aseguren que todos los efluentes serán canalizados en forma segura, pretratados para retener sólidos grandes y luego vertidos en el mar, usualmente mediante emisarios submarinos, en zonas donde se tenga certeza de la capacidad de mezcla y dilución del cuerpo de agua receptor.

En la búsqueda de su integración con la Naturaleza, la ecoarquitectura retrocede a técnicas constructivas que fueron superadas hace varios siglos, no solo por confort y por costos, también por su sostenibilidad. La arquitectura será más ecológica en la medida en que logre incorporar las más recientes tecnologías constructivas, y no que regrese al paleolítico.

Ya existen en el mercado las casas hechas con impresoras 3D en las que el inyector dispara hormigón, yeso, pintura o lo que el plano hecho por el arquitecto indique. Impresoras montadas en una grúa construyen una casa en 3 días sin emisiones atmosféricas, sin vertido de efluentes ni residuos de obra[61].

¿Que casa es más ecológica: la que se construye en pocos días sin emisión de gases de efecto invernadero, sin generar residuos ni efluentes y con un mínimo consumo de agua, o la que tiene pisos flotantes de bambú, neumáticos y botellas incrustados en sus paredes de barro? La ecoarquitectura suele tener la rigidez de emplear modelos preconcebidos, independientemente de la realidad local. En muchos casos, usar barro para las paredes es ambientalmente peor que usar ladrillos o bloques, debido a que ese barro es extraído del horizonte «A» del suelo, quitando la capa más fértil y que puede demorar muchas décadas en regenerarse. El uso de paneles solares en sitios por donde pasa el tendido eléctrico,

---

61 Ya existen empresas constructoras como http://www.contourcrafting.org/ construyendo casas mediante un proceso verdaderamente ecológico, con base en la más alta tecnología disponible.

o la instalación de baños secos, son algunos de los elementos que suelen repetirse independientemente de la realidad local.

Los ingenieros y arquitectos incas que diseñaron y construyeron Machu Picchu emplearon los mayores conocimientos científicos de que disponían y por eso lograron una obra trascendente y exitosa.

La ecoarquitectura corresponde a una etapa más primitiva o a un contexto más precario de servicios, solo en ese caso será una herramienta recomendable. La incorporación de la variable ambiental a la arquitectura en forma objetiva y rigurosa, con bases científicas, es una realidad en la arquitectura moderna, que avanza pese a la charlatanería, y hay muy buenas experiencias en esa dirección. Múltiples avances tecnológicos se han ido incorporando a la industria de la construcción, para hacerla más eficiente, más barata, más rápida; lo que significa ambientalmente más adecuada[62].

Simultáneamente a la incorporación de las últimas tecnologías a la arquitectura convencional, la ecoarquitectura ha degenerado en un discurso mágico-natural que no se sustenta en balances de materiales y energía, sino en un ideal de ambiente que poco aporta a la gestión de los procesos de diseño, construcción y uso de viviendas y edificios. Por lo general, al final de la discusión, esta especie de ecoarquitectura *New age* se atrinchera en los inadmisibles impactos paisajísticos, «el edificio contrasta con el paisaje y se ve más que las casas de madera». Pero justamente los impactos paisajísticos son los más subjetivos y antrópicos de todos los impactos ambientales, de los que posiblemente ningún otro integrante del ecosistema se entere. Los impactos paisajísticos responden a la percepción

---

62 Energy Research Group et al. (2008). *Un Vitruvio Ecológico: Principios y práctica del proyecto arquitectónico sostenible*. Editorial España, Gustavo Gili.
El libro *Un Vitruvio ecológico* es un buen compendio de tecnologías ambientales aplicables a la arquitectura, pero verdaderamente fascinantes son los escritos de Marco Vitruvio, el arquitecto, científico y filósofo romano que hace más de dos mil años estableció pautas medioambientales para la arquitectura, que apenas se comienzan a incorporar en la actualidad.

de los seres humanos, a lo que una sociedad considera lindo o feo, a la cultura «no tienen nada de natural» y eso cambia permanentemente. Una torre que provoca durante su construcción manifestaciones de rechazo de distintos actores sociales por la destrucción del patrimonio cultural, seguramente será emblemática y motivo de orgullo para las generaciones que nazcan con la torre ahí, por ejemplo la torre Eiffel.

Que un edificio se considere negativo por artificializar el ambiente responde a la idea –muy arraigada– de que lo natural es bueno y lo artificial es malo. Esta idea de profundas raíces religiosas[63], que entiende como pecaminoso el alejamiento del hombre de su estado natural, es parte del discurso ecologista que ha permeado a la arquitectura y a otras disciplinas. Es un tema que desarrollaremos en los siguientes capítulos. ¿Las pirámides de Egipto debieron hacerse más pequeñas para reducir el impacto paisajístico? Tal vez debamos pintar de verde las pirámides mayas o aztecas para que se confundan con la selva y reducir así el impacto paisajístico.

Para revalorar la integración de los asentamientos humanos en la naturaleza, la ecoarquitectura deberá incorporar los avances científicos y tecnológicos disponibles y profundizar en el estudio del desarrollo milenario de la arquitectura y la ingeniería en América, más que en recrear un paisaje bucólico extraído de relatos europeos. La ecoarquitectura debe analizar Machu Picchu como una construcción antisísmica de muy alta tecnología, más que como una obra mágica que nos pone en contacto con nuestros ancestros –esto se lo dejamos a los astrólogos–. Debemos ver las construcciones incas de barro y techo de paja como una adaptación inteligente a un entorno sísmico y de temperaturas extremas, desarrolladas por arquitectos brillantes, no necesariamente ecologistas. Arquitectos prácticos y eficaces que incorporaban la

---

63   No es casual que el paraíso cristiano sea verde, plagado de naturaleza y una gran diversidad biológica pero sin gente –solo dos y se portan mal–. Mientras que el infierno está lleno de gente pero no hay naturaleza.

mayor tecnología disponible para lograr construcciones de alta calidad –de hecho, lograron que sus edificios duren miles de años y muchos aún sean habitables–. El aprendizaje a extraer de la arquitectura inca no debe ser que nos pongamos a construir en barro, sino que incorporemos los conocimientos y tecnologías de punta para adaptarnos mejor al entorno. Pero en los barrios residenciales de nuestras ciudades se construyen techos de concreto a dos aguas, con tejas y con mucha pendiente, para que la nieve se deslice y no se acumule sobre el tejado; el problema es que muchas de estas ciudades están en zonas tropicales donde nunca ha caído un solo copo de nieve.

En resumen, la investigación científica y la incorporación de tecnología a la arquitectura es una herramienta central para que la tendencia de aceleración y concentración del desarrollo urbano en zonas costeras no tenga resultados desastrosos para el ambiente. Pero no toda la gestión ambiental es resultado de la aplicación de las tecnologías más adecuadas; la toma de decisiones en gestión ambiental reviste una complejidad mayor. Tanto las grandes inversiones inmobiliarias y hoteleras de cadenas multinacionales, como las capas medias del continente con poder de consumo creciente, están interviniendo en forma más intensa sobre las costas, a lo largo de toda América.

Los usos del ambiente costero pueden ser insostenibles en grandes y en pequeños propietarios; lo que es imprescindible para su conservación es la incorporación de herramientas de gestión ambiental –tecnología, normativa, etc.– para asegurar implantaciones ambientalmente adecuadas, y un Estado que controle rigurosamente el desempeño ambiental de cualquiera que sea el usuario de las zonas costeras y asegure el cumplimiento de la legislación ambiental y territorial.

Ante esta amenaza de saqueo territorial, los países de América han comenzado a ordenar su territorio, pero a veces la cura es peor que la enfermedad.

LA FANTASÍA DE ORDENAR EL TERRITORIO

Una de las tendencias actuales de gestión ambiental por parte de los gobiernos de América Latina es el ordenamiento territorial, una herramienta que se originó como una extensión metodológica de la planificación urbana a todo el territorio, con resultados muy discutibles. La planificación urbana tiene una historia milenaria en América, desde Teotihuacán o Machu Picchu hasta México o Sao Paulo son objeto de diferentes estrategias de planificación. Durante el Renacimiento floreció en Europa la planificación urbana como una disciplina metodológicamente rigurosa, con ciudades hermosas y ordenadas, y desde entonces expertos, gobernantes y ciudadanos participan en los distintos niveles de planificación urbana.

Por supuesto que la planificación urbana es muy necesaria como forma preventiva de gestionar los problemas ambientales asociados a la ciudad. En América Latina, el 90 % de la población vive en ciudades y la población urbana crece más que la rural, y crece sobre todo en las zonas pobres, usualmente las que tienen menos condiciones para ser urbanizadas por ser inundables. Las inundaciones de barrios enteros son cada vez más frecuentes en las ciudades de América y están asociadas a la falta de planificación urbana, a la impermeabilización excesiva del suelo, a ocupación de las zonas naturales de crecimiento de cursos de agua, a la corrupción y falta de control, entre otros elementos perfectamente previsibles y gestionables[64].

Pero desde hace algunas décadas, en América experimentamos una extrapolación de la planificación urbana fuera de los límites de la ciudad. La zonificación y el ordenamiento

---

64 Adjudicar estas inundaciones a los eventos extremos provocados por el cambio climático es una de las nuevas incorporaciones al discurso político de muchos gobernantes, lo que constituye un chiste muy cruel para las personas que las sufren cada vez con más frecuencia. Y esto ocurre en el momento de mayor crecimiento económico de la región en los últimos 50 años.

territorial se están transformando en una forma de planificación ambiental autoritaria, digna de análisis.

En los últimos 20 años, el ordenamiento territorial se ha consolidado como la forma preferida para planificar los usos del suelo, y prácticamente no se escuchan voces críticas ante esta situación. Media docena de herramientas –entre leyes, decretos, directrices, planes, programas– se incorporaron al ordenamiento jurídico de todos los países del continente, pero no se trata solo de algunas incorporaciones, sino de un cambio sustancial, no necesariamente bueno. Sin perjuicio de los enormes aportes hechos por distintos urbanistas en el desarrollo de las ciudades –desde hace más de 5000 años[65]–, es al menos preocupante el rumbo que está tomando en América Latina esa extrapolación de las ciudades a todo el territorio.

Básicamente, cuando el ordenamiento territorial se concreta en zonificación divide la superficie de una provincia en zonas y establece usos permitidos –uso rural, urbano, etc.–, lo que por defecto prohíbe otros usos. En primer lugar, implica un cambio en la interpretación del ejercicio de la propiedad sobre el territorio:

- En la mayoría de las legislaciones de América del Sur la propiedad es amplia: *yo puedo hacer lo que quiera dentro de mi propiedad, salvo lo que la ley expresamente prohíba.*
- La zonificación que resulta del ordenamiento territorial invierte esta vocación: *yo solo puedo hacer dentro de mi propiedad aquello que la ley permita.*

Es decir, reintroduce la tradición feudal de la que América Latina se ha ido distanciando desde su independencia.

---

65 Desde hace varios miles de años hay ejemplos de ciudades cuidadosamente planificadas, como el caso de Mohenjo-Daro y Harappa, en el valle del Indo, que hace 5.000 años mostraban calles paralelas y una tipología constructiva cuidadosamente prediseñada.

La propiedad absoluta sobre la tierra, que viene del derecho romano, comenzó a relativizarse en Europa durante el Renacimiento ante la evidente sobreexplotación y escasez de recursos naturales, pero desde su independencia América Latina consolidó una vocación republicana y no feudal.

Si es una zona clasificada como «rural-agrícola» no podremos construir una posada, independientemente de cuán amigable con el ambiente sea el proyecto. Por el contrario, si la zona es clasificada como «residencial-urbana» no podré criar gallinas para vender a los vecinos, independientemente de cuán limpio sea mi gallinero industrial ni de cuanto deseen los vecinos consumir mis gallinas.

ORIGEN DEL ORDENAMIENTO TERRITORIAL EN AMÉRICA

El enfoque impositivo de la zonificación, como resultado tangible del ordenamiento territorial y el cuidado de fronteras como forma de control, es lo normal en la tradición católica europea, donde el Rey como legítimo representante de Dios en la Tierra es el propietario del territorio y por lo tanto la Corona es quien dice qué se hace y qué no –zonifica–. En la actualidad europea, con los reyes en un rol más decorativo, es el Estado quien lo sustituye, pero la vocación es la misma y el individuo conserva su rol de súbdito y no de dueño. Por ejemplo, en Inglaterra todas las tierras son de la Corona y lo que uno adquiere al «comprarla» es en realidad un derecho de uso. Claro que la realidad en Europa es muy heterogénea y existen muchos casos en los que históricamente los individuos ejercen una propiedad absoluta del territorio, pero esa no fue la tradición que los colonizadores trajeron a América.

Uno de los resultados destacables del proceso independentista en América Latina fue arrebatarle las tierras a la corona y apropiárselas. Mientras la tradición realista continuaba intacta en Europa, en América se construía una nueva forma, más liberal, de relacionamiento del hombre con el territorio.

Si bien es cierto que hay ejemplos de normas para ordenar las actividades en el territorio, en diferentes épocas y culturas –desde el Imperio romano a las ciudades medievales o a la civilización maya– el ordenamiento territorial moderno para América Latina está muy asociado a la guerra y el despotismo en Europa.

Muchos historiadores ubican este origen en el concepto moderno de territorio y el uso de fronteras para ordenar las naciones como resultado de los tratados de paz de Westfalia, que pusieron fin a la guerra de los 30 años, tal vez el conflicto más sangriento de la historia de Europa[66]. A partir de entonces, los estados europeos comienzan a ordenar su territorio y a cuidarlo con ejércitos convencionales.

Pese a muchas experiencias puntuales, recién en la década de 1990 el ordenamiento territorial europeo desembarcó decididamente en América Latina con planes y políticas en ciudades y municipios; desarrollándose con mayor celeridad y naturalidad en los países de contexto más autoritario: Colombia en guerra, con el gobierno intentando tomar control del territorio; el Chile de Pinochet, ordenado en regiones, con una lógica poco menos que bélica.

Pero en la primera década del nuevo milenio ya se consolidó con sendas leyes en todo el continente: Cuba en 2001; Perú en 2002; Honduras en 2003; Panamá, Nicaragua y Venezuela en 2006; Uruguay en 2008; Bolivia en 2009; Argentina y Ecuador en 2010; El Salvador en 2011,

---

66 El tratado de paz y comercio de Münster –mejor conocido como tratado de Westfalia– fue suscrito en 1648 por Alemania, Suecia, Francia, España y los actuales Países Bajos. Además de poner fin a la guerra que durante décadas diezmó a varios países europeos, y de quitarle poder militar a la Iglesia Católica –la religión dejó de ser una causa legítima para la guerra–, introdujo conceptos como *integridad territorial* o *soberanía nacional*, permitiendo la formación de los estados nación europeos, que se desarrollaron en relativa paz por más de 100 años, consolidando sus fronteras y reforzando su identidad nacional.

por citar solo algunos ejemplos. Aparentemente, todo el territorio de América Latina está en vías de ordenación: por fin sabremos dónde se pueden construir casas y dónde se pueden plantar lechugas.

Aunque sean adoptados por gobiernos modernos y progresistas, los textos de las leyes de ordenamiento territorial en América están fuertemente influenciados por el urbanismo español; particularmente de la España franquista, con la Ley de Suelos y Ordenación Urbana de 1956[67]. En el marco de una exposición de motivos que apunta a la planificación del desarrollo urbano, a contener los flujos migratorios y asegurar la producción de alimentos en el campo –en un país devastado por la guerra civil–, esta ley promovida por los ministros del Opus Dei del gobierno de Franco tiene una vocación policial, y se soporta en el autoritarismo y la capacidad represiva de aquel gobierno. Esta es una de las principales inspiraciones del ordenamiento territorial moderno en América.

Vale aclarar que, aunque en ocasiones los límites sean difusos, las leyes de ordenamiento para prevención y control de desastres naturales en países especialmente vulnerables, estableciendo zonas de riesgo, restricciones a las construcciones, etc., son un caso totalmente distinto.

PARTICIPACIÓN Y REPRESIÓN

Usualmente las herramientas de ordenamiento territorial, desde planes hasta leyes, están precedidas por sendos compromisos de participación ciudadana y ejercicio democrático, y casi se plantea la participación de los vecinos como una característica inherente al ordenamiento territorial. Pero la realidad se aleja mucho de eso. No se me ocurre un ejercicio más autoritario y menos participativo de planificación

---

67 Ley de 12 de mayo de 1956 sobre régimen del suelo y ordenación urbana. B.O. del E. 1956 N° 135. España.

territorial que imponer «qué es lo que pueden hacer en su localidad y qué no». Usualmente la zonificación se *dibuja* en ámbitos expertos, un mapa indicando las actividades toleradas y recién en las etapas finales se somete a consulta pública la herramienta ya elaborada. A partir de ese momento la alternativa se reduce a acatar o reprimir.

Pero más allá del proceso de elaboración y de aprobación de la herramienta, tampoco existe participación a lo largo de los procesos de gestión. El seguimiento y la revisión también se reservan a los niveles expertos, mientras que los vecinos siempre sufren las restricciones impuestas por el ordenamiento.

Participación significa que los habitantes del territorio decidan qué es lo que hacen en su hábitat, y que puedan corregir sus decisiones, aprender y cambiar. Para eso existe la legislación vigente, para establecer reglas de juego en ese libre ejercicio del derecho de residencia y habitabilidad.

Pese al discurso que lo antecede, la zonificación resultante del ordenamiento territorial no es una profundización de la democracia ciudadana, la tendencia es la contraria, es el aumento de las fronteras —sociales, culturales, de acceso— y el territorio es el campo en el que estas fronteras se tangibilizan y se ordenan.

Y las fronteras como forma de organización son una lógica que entraña violencia. Al delimitar el territorio, es necesario cuidarlo, vigilarlo, es imprescindible la disciplina «desde afuera», impuesta para mantener ordenados los elementos dentro de las fronteras establecidas, para que no se desordene. La existencia de fronteras y límites tiene implícita la amenaza de que sean violadas, y es necesario un aparato que reprima esta intención. Así se establece la tensión principal del ordenamiento territorial, entre un mercado que pretende desordenarlo y un Estado que lo reprime[68].

---

68 Núñez, S. (2011) *DisneyWar*. Editorial HUM. 1ª edición. Montevideo, Uruguay.

Más allá de que el discurso oficial se estructure en dos categorías básicas, urbano y rural, con una serie de matices y zonas de transición o transformables –por ejemplo, de rural a suburbano–, la lógica de la categorización del territorio es la lógica del gueto, la cercanía entre rural y pobre o entre suburbano y cinturón de miseria, es al menos preocupante. En este contexto, el ordenamiento tiende a consolidar los problemas que ocurren en el territorio, más que a resolverlos.

EL SIMCITY DE LOS URBANISTAS

Podríamos decir que el ordenamiento territorial es un simulacro de la realidad, como uno de esos juegos de computadora en que se simula el desarrollo de una ciudad o un país; solo que esto no es un juego, se hace sobre la ingenua presunción de que el territorio se comportará según las reglas que establezcamos, desconociendo su enorme complejidad y las relaciones únicas y cambiantes entre sus diferentes componentes. Como en el cuento de Stanislaw Lem[69] que inspiró el juego SimCity, se colocan en una caja los elementos que componen el territorio, se le asigna un rol a cada uno y se espera que lo cumplan en forma obediente, a la manera de un juego.

Como era de esperar, esta simplificación de la realidad está llevando a que los participantes del juego establezcan sus propias reglas, y como en el cuento de Lem, comiencen a sacudirse el corsé del ordenamiento territorial, a desordenarse para seguir evolucionando. Incluso los gobiernos locales comienzan a desconocer las leyes centrales de ordenamiento territorial y a promulgar resoluciones que las contradicen e independientemente de su valor legal, las derogan en la realidad.

Y tal vez aquí está la verdadera justificación del ordenamiento territorial, en la necesidad de simplificar la realidad

---

69 Lem, S. (1988). «Expedición séptima, o cómo su propia perfección puso a Trurl en un mal trance». En: *Ciberíada*. Editorial Alianza. Madrid.

para lograr gestionarla, en la incapacidad de los gobiernos para organizar y encauzar racionalmente toda la complejidad de intereses particulares que ocurren en el territorio. Es un mecanismo cómodo para preestablecer, muchas veces desde un escritorio, lo que se puede hacer en cada porción del territorio y luego no tener que controlar la realidad del desarrollo de cada intervención.

LA PLANIFICACIÓN ES IMPRESCINDIBLE, PERO LA DIVERSIDAD TAMBIÉN

La planificación y el establecimiento de objetivos estratégicos para el territorio es imprescindible, pero sobre la base de promover la diversidad de usos, la educación, la innovación, los motores de la evolución de la sociedad. Lo rural se debe mezclar con lo urbano, lo natural con lo artificial, la agricultura con las torres de oficinas, y esta interacción gestionada inteligentemente será el catalizador del desarrollo. Pero la zonificación es una simplificación autoritaria que no va en esa dirección.

Existen muchas herramientas para promover el cumplimiento de los objetivos estratégicos de planificación territorial de los gobiernos, sobre la base de la diversidad y la originalidad. La gestión ambiental es solo una de ellas, pero es un buen ejemplo.

La gestión ambiental moderna trabaja sobre las emisiones al ambiente y su finalidad es mantenerlas bajo control para que no provoquen impactos ambientales al medio natural o al medio antrópico:

- Los efluentes generados por un emprendimiento no deberán contaminar el suelo, las aguas superficiales o las subterráneas, no importa si se trata de un suelo rural o urbano. La gestión ambiental no establece *a priori* qué actividades se pueden hacer o qué actividades no. Para eso, la legislación establece estándares de vertido que han sido analizados, estudiados y consensuados previamente sobre bases científicas, y que se deberán cumplir siempre.

- Los ruidos no deberán provocar daños al ambiente y a las personas, independientemente de que sean generados por el extractor de un silo en el campo o por una discoteca en la ciudad. Para eso la legislación establece límites de decibeles, teniendo en cuenta recomendaciones de salud pública, que no se deberán superar.
- Las construcciones o equipamientos no deberán impactar sobre el paisaje, por lo tanto, se limitarán alturas, colores, a fin de asegurar un diseño armonioso con el entorno, de acuerdo con los intereses locales y generales convenidos, para preservar cierta percepción del ambiente.

Veamos un par de ejemplos:

Con la intención de preservar sus valores paisajísticos, un gobierno local incluye en una de sus herramientas de ordenamiento territorial la prohibición de instalar parques eólicos en determinadas zonas.

Si lo que se prohíbe es la instalación de aerogeneradores, podríamos instalar en ese lugar una enorme estatua blanca con sus brazos extendidos –como aspas– sin violentar el ordenamiento territorial, ya que no sería un aerogenerador, que es lo que está prohibido.

Pero si en lugar de prohibir los aerogeneradores se limitan las alturas para cualquier construcción o equipamiento, a fin de prevenir modificaciones del paisaje –como ha hecho la legislación históricamente–, podremos instalar estatuas, aerogeneradores o cualquier otra cosa, siempre que no superen las alturas establecidas y no impacten sobre el paisaje. Es decir, dentro del predio podremos hacer lo que queramos siempre que no afecte a terceros. Este mismo criterio será aplicable a las diferentes emisiones al ambiente –residuos sólidos, humos, etc.

Existen muchas fábricas de alimentos que se deben ubicar lo más cerca posible de zonas agrícolas, como forma de reducir costos de transporte, mejorar la calidad de los productos y reducir impactos ambientales. También es conveniente que las viviendas de los trabajadores estén ubicadas lo más cerca posible de las zonas de producción. Claro que esto requiere capacidad de evaluación, de control, de gestión, que en muchos casos la administración no posee, por lo que es entendible que se recurra a una forma más primaria de acción administrativa: el ordenamiento territorial.

Hace varios años, el propietario de un pequeño predio en el área rural, en una zona en la que solo se permitían usos agrícolas, decidió instalar un hotel. Su predio era muy pequeño para obtener rentabilidad con los usos agrícolas disponibles, pero estaba ubicado a pocos metros de una ruta importante, por lo que advirtió que la instalación de un hotel sería un buen negocio y un servicio para los transportistas de carga. El Plan de Ordenamiento Territorial de la provincia definía esa zona como rural, de prioridad agrícola, por lo que prohibía construir el hotel.

El propietario del predio conocía muy bien su territorio y sabía que ahí ya no podría desarrollar actividades agrícolas, por lo que terminó emigrando a la ciudad –posiblemente engrosando los cinturones periféricos suburbanos–. En su lugar, la gestión ambiental lo podría obligar a que el hotel no vertiera efluentes, que segregara en origen sus residuos, que estuviera integrado al paisaje, incluso que no impermeabilizara el suelo. Lo obligaría a ser innovador para desarrollar su proyecto preservando las características relevantes del ambiente.

En resumen, la gestión ambiental nos obliga a gestionar el emprendimiento adecuadamente, para que se integre al entorno y para que cumpla los objetivos de planificación estratégica de la administración; promueve la innovación en lugar de la prohibición. En un predio en el que la administración municipal desea promover los usos agrícolas, en lugar de prohibir otros usos debería establecer condiciones que debe cumplir la actividad que ahí se desarrolle. Por ejemplo, establecer que no se puede impermeabilizar el suelo si se desea realizar una construcción, pues esta deberá quedar totalmente separada del suelo. El predio de este ejemplo continúa abandonado.

Hace cerca de 10 años, el parque tecnológico más importante de Uruguay intentó desarrollar un barrio privado en los predios contiguos, para complementar su oferta de servicio con alojamientos –con universidad, centro comercial, instalaciones deportivas, etc.–. Pero el gobierno municipal lo prohibió porque se trataba de suelos rurales, y por lo tanto no se podía fraccionar ni construir viviendas, solo desarrollar actividades agrícolas. No importó que en esos predios el índice de fertilidad fuera bajísimo o que el suelo estuviera degradado, tampoco que el barrio proyectado fuera a emplear a cientos de personas en una zona socialmente muy deprimida y sin riesgo alguno de contaminación, o que el uso real del suelo fueran asentamientos precarios y no la agricultura: el Plan de Ordenamiento Territorial lo prohibía de antemano. Hasta el día de hoy no se ha desarrollado ninguna actividad agrícola en esos predios.

En los hechos, la zonificación desarrollada en el marco del ordenamiento territorial suele ser una forma precaria y arbitraria de gestión del territorio por parte de cada gobernante –los pequeños reyes del SimCity–, a veces acertando y a veces no, ante la fragilidad y parcialidad de los criterios en los que se sustenta. Toda herramienta rígida, imperativa, basada en la represión de la innovación y el cambio, está condenada al fracaso.

El ordenamiento territorial en América ha evolucionado como una extrapolación grosera de la planificación urbana –que es una herramienta imprescindible de gestión– a todo el territorio, por lo que es un desafío importante de los gobiernos y sus cuadros técnicos discernir entre ordenamiento territorial y gestión ambiental del territorio; es decir, establecer las condiciones del ambiente que deseamos preservar, en lugar de prohibir unas actividades y permitir otras.

LAS ÁREAS PROTEGIDAS
Y EL ORDENAMIENTO TERRITORIAL

Una lógica similar a la del ordenamiento territorial es la que sustenta a las *áreas protegidas* como forma de planificación ambiental, y con una historia igualmente oscura. El eugenismo[70], uno de los más vergonzosos daños colaterales que produjo el darwinismo a fines del siglo XIX, fue la coartada científica para justificar la expansión territorial europea, bajo la excusa de proteger los ecosistemas y la naturaleza del uso depredador que hacían los pueblos aborígenes.

Lo que parecía ser otro espasmo en la agonía del colonialismo europeo en África, protegiendo los recursos de la Corona para que no fueran «saqueados por los nativos», se fue sofisticando cada vez más hasta contar con un sólido discurso pseudocientífico, un andamiaje legal internacional y muy buenas fuentes de financiamiento. Y por fin estos países lo convirtieron en una política oficial de las Naciones Unidas.

Hoy, en el mundo hay más de cien mil áreas protegidas ocupando millones de km^2. ¿Cuántas áreas más debemos proteger? ¿Qué porcentaje del planeta? ¿Qué otros ecosistemas vale la pena proteger? ¿Qué paisajes? ¿Las montañas, los bosques, la costa, las pirámides? La respuesta es clara: debemos

---

70 El eugenismo es una teoría política de discurso científico, formulada a fines del siglo XIX por Sir Francis Galton (primo de Charles Darwin) y desarrollada por connotados científicos de la época. Estrechamente emparentada al fascismo de mediados del siglo pasado. El eugenismo propone enfrentar el dilema malthusiano –crecimiento geométrico de la población y el agotamiento de los recursos– mejorando la especie humana, mediante el control de la reproducción de las «peores» poblaciones y la promoción de las «mejores». Galton, F. (1904). «Eugenics: Its definition, scope and aims». *American Journal of Sociology*, 10 -1-: 1-25. http://www.jstor.org/stable/2762125

proteger todo el planeta, desde el punto de vista ecológico no hay ecosistemas de primera y ecosistemas de segunda.

Un pajonal en un suelo arenoso, en el que habitan algunos insectos, pequeños anfibios y algunos roedores, ¿es menos importante que el páramo de una montaña o que una playa paradisíaca?

¿Por qué la República Argentina históricamente concentró sus áreas protegidas en bosques andinos patagónicos y permitió la deforestación de los bosques de algarrobo y de su maravillosa selva misionera? O la exterminación de los quebrachos del Chaco para fabricar durmientes, para una vía férrea que permitiera exportar materias primas a Europa, mientras el Chaco se sumergía en la pobreza. Buena parte de la respuesta la podemos encontrar en los modelos de colonización europea, de lo que es bello y lo que no, de lo que debemos preservar y de lo que debe ser conquistado y hasta *limpiado*.

El proteger solo algunos ecosistemas tiene implícita la idea de sacrificar otros. Debemos proteger todos los ecosistemas, para eso es imprescindible erradicar la lógica represiva con la que se suelen pensar las áreas protegidas, que a diferencia del primer mundo, en América y África suelen contar con personal armado para protegerlas. Lo que ocurre es que los criterios esenciales con los que se ha construido la figura de las áreas protegidas no son ecológicos, ni nada parecido.

Sin duda, existen casos de éxito en varios países de la región en los que áreas protegidas han sido determinantes en la prevención de incendios forestales y de la tala ilegal, en el combate a la caza furtiva y la contaminación. Estos casos dignos de destaque no constituyen la norma, son excepciones, situaciones muy específicas de ecosistemas únicos, especialmente amenazados, donde se concentran especies en peligro de extinción, áreas megadiversas sometidas a presiones excesivas, que requieren esfuerzos inusuales de preservación. Pero cada vez más frecuentemente, el resultado concreto de las áreas protegidas en sitios paradisíacos del tercer mundo es la explotación comercial de esa exclusividad en establecimientos turísticos para un público ultraselecto, que paga sumas enormes de dinero por mantener ese artificial contacto con la naturaleza en un bungaló de cinco estrellas, con techo de paja y atendido por amables nativos.

Varias legislaciones de áreas protegidas han evolucionado metodológicamente con base en la elaboración de Planes de Manejo, que en los hechos tienden a aceptar un cierto grado de intervención, incluso algunas legislaciones del continente exigen la realización de un estudio de impacto ambiental al proceso de constitución de un área protegida –como a cualquier otro proyecto que artificializará las condiciones del ambiente–. Pero no es a esos casos a los que nos referimos, sino a la política sistemática de vocación expropiatoria del ambiente, de la lógica autoritaria que cuida el territorio de los propios habitantes locales. Además, más allá de los contenidos ideológicos de las políticas de áreas protegidas, desde un punto de vista estrictamente práctico se trata de una forma de gestión muy ineficiente, que requiere permanente control y suministro de recursos para su mantenimiento. En resumen, las herramientas de gestión basadas en el establecimiento de fronteras y su control, como la zonificación y la prohibición de traspasar límites, entrañan una lógica autoritaria que a la larga las vuelve insostenibles. Debemos centrar la atención en el *cómo* hacer las cosas y no en el *qué* puedo hacer, para lo cual la gestión ambiental es una herramienta central.

5. AMENAZAS Y DEBILIDADES
DEL NUEVO ESCENARIO AMBIENTAL

Una década de aceleración en la producción y exportación de *commodities*, de incremento del poder de consumo de una clase media que creció en casi todo el continente, de colonización inmobiliaria de las costas, ha creado nuevas necesidades de suministro de energía, de infraestructura y de logística –carreteras internacionales, vías férreas, represas multipropósito, puertos fluviales y oceánicos, obras de dragado, nuevos aeropuertos, nuevos proyectos de exploración de minerales e hidrocarburos, entre muchos otros proyectos–. La cantidad y el tipo de megaproyectos que se instalaron es enorme, pero lo más importante es la sinergia y la concatenación que existe entre ellos, que se necesitan y se potencian. Al desarrollar uno, el país se obliga a encarar los siguientes. La gigantesca producción de soja promueve el desarrollo de nuevas vías de comunicación –terrestre, fluvial, marítima–, mayor disponibilidad de energía e instalación de silos para almacenamiento de granos.

El principal riesgo asociado a este modelo es que los estados se vuelven espectadores o administradores tardíos de un modelo que responde casi exclusivamente al mercado mundial. En este contexto, es imprescindible integrar la planificación ambiental estratégica como herramienta del ejercicio de gobierno.

En resumen, si bien hay señales ambientales positivas, como la reducción de la pobreza –aunque no es una consecuencia necesaria del crecimiento económico–, los megaproyectos constituyen un desafío novedoso para la gestión ambiental del continente. La oposición intransigente o la aprobación obsecuente de estos proyectos, son las formas menos inteligentes y más irresponsables de gestión. Es imprescindible desarrollar las capacidades para gestionar ambientalmente los megaproyectos, para imponer condiciones y controlar su cumplimiento, así como de planificar y preparar a los territorios y las comunidades para su control y aprovechamiento.

Todos estos elementos han ido delineando un nuevo escenario ambiental para el continente, que no ha estado acompañado –mucho menos precedido– por un fortalecimiento de las capacidades de gestión ambiental en la órbita del Estado. Por el contrario, en los últimos años han aparecido pasivos y riesgos ambientales que interpelan las capacidades de gestión ambiental de los gobiernos.

Cuando hay un Estado fuerte, institucionalidad y educación, los grandes proyectos deben ser bienvenidos, ya que pueden incorporar tecnología, mejorar los niveles profesionales, contribuir a la innovación, y con base en todo esto, deben contribuir a mejorar el desempeño ambiental de la región. Los megaproyectos pueden ser motores no solo para el crecimiento de la economía, sino para el desarrollo de la sociedad e incluso para la protección del ambiente; o ser causantes de crisis, empobrecimiento y contaminación. Eso dependerá, en gran medida, de cuán inteligentes seamos para su planificación y gestión.

Si bien no hay dudas respecto a la insostenibilidad en el largo plazo de un modelo basado en producir más y consumir más, el nuevo escenario ambiental es complejo y la percepción de saqueo de los recursos naturales y contaminación desenfrenada, asociada a los megaproyectos que desembarcan en el continente, no necesariamente se ajusta a la realidad.

La experiencia muestra que, en muchos casos, un megaproyecto es ambientalmente mejor que la misma producción desagregada en múltiples emprendimientos de pequeña escala. Esto se debe a que los grandes emprendimientos podrán incorporar tecnologías ambientales que resultarán inaccesibles para un pequeño productor, a que concentrarán los elementos ambientales a gestionar en un solo sitio provocando menos impactos difusos, a que serán más eficientes en el uso de recursos naturales y en el reciclaje de residuos, a que el control de las autoridades ambientales será más eficaz, entre otras razones. Pero, claramente, la percepción del público es otra. Un pequeño productor agrícola y ganadero es visto con simpatía, con cierto grado de admiración por su sacrificado trabajo, por su relación con la naturaleza. Y esto distorsiona la percepción de su desempeño ambiental; tendremos la tendencia a evaluar a un pequeño productor y no a los efectos de la sumatoria de miles de ellos. El uso excesivo de agroquímicos –muchas veces prohibidos–, la aplicación de técnicas agrícolas obsoletas o insostenibles, la disposición de residuos peligrosos en el suelo, el lavado en cursos de agua de equipos para aplicación de agroquímicos, son prácticas frecuentes en pequeños emprendimientos agrícolas, pero raras o fáciles de controlar y erradicar en grandes establecimientos. Debido a su escala, un megaproyecto agrícola tenderá a usar sus residuos como fuente de energía o materia prima para otros procesos –producción de biogás, riego, elaboración de ración animal–, pero de todas formas el público sentirá recelo y desconfianza por grandes emprendimientos agroindustriales, aunque estos puedan demostrar rigurosamente que no provocan impactos ambientales.

Esta distorsión en el análisis se evidencia por igual en actividades agrícolas, industriales o extractivas, ya que la percepción de los riesgos ambientales responde a una serie de elementos subjetivos que nada tienen que ver con el desempeño ambiental objetivo de un emprendimiento. En momentos de evaluar el desempeño ambiental es imprescindible usar herramientas técnicas rigurosas, despojándonos de los sentimientos que cada sistema de producción nos inspire.

Es así que, en cierta medida, las amenazas del nuevo escenario ambiental están asociadas a la distorsión en el análisis de sus riesgos e impactos ambientales. Dicho de otra forma, uno de los principales desafíos consiste en desarrollar herramientas técnicas potentes para gestionar de la forma más eficaz y racional los megaproyectos que se instalan en la región. Si bien esos megaproyectos se pueden gestionar de forma sustentable, incluso más que la suma de pequeños emprendimientos, existen en América Latina algunas debilidades que complejizan el abordaje de este nuevo y cambiante escenario ambiental, principalmente:

- Los megaproyectos, muchos extractivos, y las grandes extensiones de monocultivos, –por ejemplo, de soja–, suelen implicar un uso intenso de los recursos naturales, con muy poco agregado de valor y con impactos ambientales muchas veces significativos, que requieren mayores controles y la incorporación de mejores tecnologías ambientales.
- Frecuentemente estos megaproyectos se implantan en el territorio de forma torpe, sin lograr un verdadero proceso de participación y comunicación con los actores locales, no logran integrarse a los procesos de planificación territorial y son objeto de conflictos socioambientales.
- La concentración, en las zonas costeras, de desarrollos inmobiliarios de grandes dimensiones y de importantes sectores de la población, no va acompañada por planificación territorial ni por el desarrollo de servicios urbanos y ambientales –saneamiento, agua potable, recolección de residuos.
- El excesivo entusiasmo por el crecimiento económico provoca en los gobiernos un desequilibrio entre su vocación de promoción de las inversiones y la necesidad de prevención de sus impactos ambientales. La inmediatez financiera atenta contra la planificación estratégica.
- La promoción del consumo en las grandes ciudades, sin ninguna planificación, está generando problemas de los que será muy difícil salir –por ejemplo, infraestructura vial desbordada y calidad atmosférica en deterioro, por un parque automotor que crece en forma sostenida.
- La fragilidad de la institucionalidad ambiental en varios países, con normas legales e instituciones que no se ajustan a las exigencias de este nuevo

y cambiante escenario, debilitan la capacidad de los gobiernos para ejercer un verdadero control ambiental de los megaproyectos.

- Los sectores de la sociedad civil, principalmente ONG ecologistas, cada vez más alertas y beligerantes respecto de la contaminación ambiental, suelen mantener posiciones más conservadoras que conservacionistas, y de rechazo intransigente a cualquier tipo de emprendimiento, más atentas a un discurso ecologista global que a los problemas locales reales.

- El sector académico, principalmente universitario, en temas ambientales no ha tenido un rol de liderazgo, previniendo los impactos de este nuevo escenario, desarrollando tecnologías y herramientas metodológicas para su gestión; por el contrario, ha tenido un rol bastante reactivo y más político que científico.

- Por último, pero tal vez lo más importante, está la falta de planificación ambiental estratégica como una prioridad de los gobiernos. Ha pasado una década de crecimiento económico sostenido en América del Sur, lo que constituye un escenario raro para el continente, pero sobre todo las señales de que ese crecimiento se traslada a Centroamérica y el Caribe constituye una oportunidad única de planificación para América Latina. Si los estados no planifican el uso de sus recursos naturales –para agregar valor a las exportaciones y darle sostenibilidad a los procesos productivos– será el mercado el que lo haga, y con intereses totalmente distintos. El crecimiento ocurre, el desarrollo se planifica.

En conclusión, el escenario ambiental para la región es complejo y entraña riesgos significativos. Algunas preocupaciones ecologistas deben ser escuchadas aunque no es necesario comenzar a construir un arca, no se avecina otro diluvio universal. Si bien la historia no se repite y estos megaproyectos impactarán de forma distinta que cuando se instalaron en Europa y EE. UU., además de que la población mundial no deja de crecer y también crece el consumo por habitante, no menos cierto es que hoy contamos con avances científicos y con herramientas tecnológicas, con niveles de conciencia y control ciudadano, con una legislación ambiental en permanente desarrollo, como para ser razonable y responsablemente optimistas, y abordar el nuevo escenario ambiental más como un desafío a nuestras capacidades que como una condena.

El pensamiento ecologista suele hacer un esfuerzo en el diagnóstico de los problemas actuales, incluso puede incorporar herramientas científicas más o menos rigurosas en la descripción del presente. Pero todo ese rigor se desvanece cuando proyecta el futuro, donde lo ideológico y lo religioso tiñen el análisis. Tampoco dedica esfuerzo a analizar el pasado, la autocrítica por los pronósticos incumplidos no está en su repertorio. En otras palabras el ecologismo se concentra en la foto, sin prestar atención a la película.

En mi opinión, la proyección de la película permite ser optimistas, aceptar que tenemos desafíos y problemas severos que resolver, pero que la humanidad no cesa de avanzar, que aunque somos cada vez más y cada uno quiere consumir más, la mente humana avanza en la solución de los problemas que tiene por delante.

El gran desafío de nuestro tiempo es usar la inmensa cantidad de información disponible para proyectar el futuro y planificar las acciones. No se trata de anunciar el apocalipsis sino de planificar el futuro. Y como dice Diamandis, la mejor arma que tenemos para enfrentar el futuro es nuestra mente[71].

---

71 Diamandis, P. y Kotler S. (2013). *Abundancia. El futuro es mejor de lo que piensas.* Editorial Antoni Bosch.

CAPÍTULO II
Un nuevo discurso ambiental en América Latina

El ecologismo es la forma más prestigiosa del conservadurismo. La forma más actual, más activa, más juvenil, más políticamente correcta, más poderosa del conservadurismo. El conservadurismo *cool*, el conservadurismo progre.
MARTÍN CAPARRÓS[1]

I. LA CONQUISTA

América Latina debe elaborar un nuevo discurso ambiental, seguramente con protagonismo de organizaciones de la sociedad civil, pero que sintetice los conocimientos y experiencias de toda la sociedad, que incorpore los avances científicos y las tecnologías limpias, herramientas legales y experiencias políticas. El discurso ambiental debe ser una *herramienta de borde*, debe tener un carácter experimental y audaz, debe explorar en forma permanente en distintas disciplinas para insertarse en un contexto inédito y cambiante, pero debe ser una herramienta al servicio de los intereses de la sociedad, no al margen de estos.

El discurso ecologista en América se ha vuelto dogmático, con una perspectiva exclusivamente ideológica, un discurso global elaborado en países desarrollados que desprecia las particularidades locales, las necesidades, reclamos y urgencias de las comunidades; y con un enfoque acrítico, más conservador que conservacionista, se opone a los cambios, no solo en el

---

[1]   Martín Caparrós, periodista y escritor argentino. «Diatriba contra los ecologistas». En www. Soho.com.co

ambiente, se opone a los cambios en general. De esta forma, el ecologismo tiende a reducirse a focos de resistencia muy beligerantes pero cada vez más testimoniales y menos útiles para las necesidades de gestión ambiental del nuevo escenario.

De hecho, muchas de las grandes empresas multinacionales promueven este enfoque efectista y frívolo del discurso ambiental, lo prefieren antes que el desarrollo de investigaciones científicas que establezcan límites de emisión, antes que el desarrollo de una legislación ambiental que obligue a la incorporación de tecnologías ambientales, que controle y sancione.

En definitiva, el discurso ecologista se agota y deja un espacio que debe ser llenado por un nuevo discurso ambiental, con fundamentos científicos, comprendiendo las necesidades sociales y económicas tanto como el contexto legal en el que deberá operar. Pero no nos adelantemos, vayamos desde el principio.

EL PRIMER FRATRICIDIO

Aunque a veces nos parezca que la globalización empezó hace pocos años –con la aparición de Google o a lo sumo con la llegada de Cristóbal Colón al Nuevo Mundo–, se inició hace más de 300 millones de años, cuando la Tierra era Pangea, un solo continente rodeado por mares en los que la vida surgía a borbotones. Eran formas de vida distintas a las que imaginamos hoy, no había oxígeno disponible, así que las primeras formas de vida fueron organismos unicelulares que utilizaban nutrientes disponibles como el nitrógeno –por ejemplo las algas cianofitas– y una de las emisiones de la respiración de estos microorganismos era el oxígeno. Y así, a lo largo de millones de años se fue acumulando oxígeno en los océanos para posibilitar formas de vida que respiraran oxígeno igual que nosotros. Desde sus inicios los organismos vivos han modificado las condiciones del planeta dando lugar a procesos nuevos, no fue el hombre el primero en modificar su entorno.

Posteriormente, razones físicas –climáticas y geológicas– interrumpieron esta orgía evolutiva global durante cientos de millones de años, modificaron la geomorfología del planeta, separando al mundo en grandes islas y promoviendo la evolución de la vida en paralelo, de forma independiente en los distintos continentes.

Pero recientemente, hace apenas algunos cientos de miles de años, el proceso de globalización se reinició con nuevos bríos. En este caso no se debió a las corrientes oceánicas ni a los vientos. Una nueva especie de homínido surgida en el aislamiento del continente africano fue el vector de contagio. Una especie inquieta, de naturaleza conquistadora, que parecía destinada a protagonizar el nuevo capítulo de la globalización[2]. Y cuando las tierras emergieron en la última gran glaciación, el hombre conquistó todos los continentes, conquistó las regiones frías y las largas noches cuando dominó el fuego, conquistó los mares cuando desarrolló la navegación, conquistó el tiempo cuando inventó la escritura. Su cerebro crecía, desarrollaba ciencias, ciudades, imperios, y ya nada lo detuvo. Claro que podemos ver este proceso de dos formas: con el optimismo de saber que somos una especie joven, que la humanidad está en un momento efervescente, que ha logrado conquistar el mundo y ahora tiene el desafío de desarrollarlo en forma sostenible; o con el pesimismo de pensar que ya hemos ocupado todo el planeta, con costos ecológicos elevadísimos y que lo que nos queda por delante es declive y deterioro. Seguramente

---

2 Es verdad que hoy al hablar de globalización nos referimos a otra cosa, a procesos económicos y no biológicos. Y hoy estos procesos de globalización son casi inmediatos. Mientras que hace muy poco tiempo la mundialización de un conocimiento llevaba siglos, hoy lleva semanas, pero la aceleración de nuestras capacidades de comunicación e intercambio son solo un dato de la realidad, ni bueno ni malo –que generó angustia y rechazo cuando Gutenberg inventó su revolucionario sistema de impresión, y también cuando se globalizó el uso de la energía nuclear.

haya elementos ciertos en ambos enfoques, pero la forma en que hacemos frente a los nuevos desafíos no es un reflejo de la realidad, es –sobre todo– una decisión subjetiva.

Pero no nos adelantemos, nuestra historia comienza con una extinción, peor aún, con un fratricidio –no bíblico sino real– , con la extinción del hombre de Neandertal, provocada por el hombre de Cromañón. Entre 300 y 400 mil años atrás, un ancestro común dio origen, al menos, a dos especies de homínidos, el hombre de Neandertal y el hombre de Cromañón[3]. Dos especies bípedas, erguidas, hombres con las manos libres para usar herramientas, para trabajar, para moldear su entorno. Esta relación entre cerebro, manos y ambiente catalizó el más vertiginoso proceso de evolución biológica y cultural experimentado por una especie.

Dos hermanos evolutivos que coexisten y evolucionan hasta hace aproximadamente 25 mil años, cuando el hombre de Neandertal se extingue debido a la presión ejercida por el hombre de Cromañón que, una vez solo, dará rienda suelta a su rol de conquistador y comenzará el reinado del *Homo sapiens*: una especie de hombre había extinguido a la otra[4]. Si bien hay evidencias de hibridación entre ambas especies –nosotros tenemos genes de las dos–, se trató de cruzamientos eventuales y no de un proceso de integración.

No hay dudas de que la relación del hombre con el ambiente siempre ha sido conflictiva, en el Paleolítico y ahora. El hombre nunca provocó tantos impactos ambientales como en los siglos posteriores a la conquista del fuego. La deforestación provocada en el Paleolítico, por la quema de bosques para convertirlos en pastizales y otros ecosistemas más accesibles, fue tal vez la transformación del entorno más colosal de la historia de la humanidad. Hace unos

---

3 Diez Martín, F. (2011). *Breve historia de los neandertales.* Editorial Nowtilus. España.

4 Finlayson, C. (2010). *El sueño del neandertal. Por qué se extinguieron los neandertales y nosotros sobrevivimos.* Editorial Crítica. España.

pocos cientos de miles de años nuestros antepasados dominaron el fuego y todo cambió, sus hábitos alimenticios, sus técnicas de caza, el arte, los ratos de ocio y seguramente los temas de conversación. El dominio del fuego fue un enorme estímulo para soñar, para desarrollar la inteligencia humana y para salir a conquistar el mundo. Dejaron de existir lugares demasiado fríos o demasiado oscuros, ni vegetación demasiado densa; empezamos a moldear el mundo en función de nuestras necesidades y simultáneamente nos moldeamos a nosotros mismos. Hace algunas decenas de miles de años nuestros antepasados ya usaban el fuego como herramienta de caza masiva, arreando manadas de grandes mamíferos hacia barrancas y acantilados, para aprovechar luego unos pocos cadáveres y dejar el resto para la descomposición y los carroñeros. Cazando de esta forma e incendiando ecosistemas provocamos nuestras primeras extinciones.

Pero el hombre americano fue evolucionando en su relación con el ambiente, mejoró sus técnicas de caza, de recolección, posteriormente de cría y cultivo y en muchos casos logró hacerlas sostenibles.

Al llegar los conquistadores ingleses a Norteamérica se encontraron con rebaños de decenas de millones de enormes bisontes que pacían mansamente. Los nativos americanos habían desarrollado a lo largo de miles de años un manejo muy equilibrado de estos grandes bóvidos, usando desde el cuero hasta los huesos más pequeños de cada animal. En una relación de verdadera gratitud por proveerlos de alimento, abrigo, combustible, materiales de construcción y múltiples herramientas, las diferentes culturas de las grandes llanuras norteamericanas veneraban a cada animal sacrificado.

Sin embargo, le bastaron unas cuantas décadas a los ingleses y sus descendientes americanos para destrozar este equilibrio y llevar la población de bisontes de cerca de 100 millones a menos de mil animales. Los mataban hasta por pasatiempo desde las ventanillas de los trenes –la compañía de trenes repartía rifles para que los pasajeros no se aburrieran durante los largos viajes.

Pero el hombre evoluciona en todos los sentidos, no solo en el biológico, sino cultural, científico, ético. En la actualidad hay cerca de medio millón de bisontes, su caza está prohibida y nadie ve con simpatía asesinar grandes animales por diversión –tal vez a excepción de la realeza española–[5] y es esperable que la población de grandes bisontes siga creciendo. Parece innecesario aclarar que el hombre evoluciona, pero no lo es, ya que gran parte del discurso ecologista plantea que la relación del hombre con el ambiente es cada vez peor, que somos más destructivos e irresponsables. Obviamente, este discurso no toma en cuenta que somos más de 7 mil millones y pronto seremos 10 mil millones, y pese a esto la esperanza de vida media se ha duplicado en unos cuantos años –solo imaginemos lo que sería el mundo con 7 mil millones de cromañones o algunos miles de Búfalos Bill–. Sería equivocado no reconocer que la preocupación del hombre por el ambiente es infinitamente mayor hoy que hace algunos miles o cientos de años.

Nuestra relación con el ambiente es compleja, hemos alcanzado equilibrios, los hemos roto y hemos construido nuevos equilibrios. La capacidad de moldear su entorno es una característica que define a nuestra especie, la capacidad de construir el ambiente, no necesariamente de destruirlo. Pero también es cierto que esta particularidad promovió un cambio drástico en los paradigmas de relación del hombre con la naturaleza: a lo largo de la historia, el uso de recursos para la subsistencia fue sustituido por el uso para la acumulación.

Si bien es cierto que antes de la llegada de los conquistadores existieron muchos casos de éxito en la relación del

---

5   El rey que cazaba elefantes. http://www.elmundo.es/ciencia/2014/06/02/538c6070ca4741ea2 a8b4572.html

hombre con su entorno –algunos con un nivel de desarrollo científico no alcanzado aún hoy–, también ocurrieron verdaderos colapsos provocados por la insostenibilidad de las actividades humanas.

La armonía con el entorno no fue una condición necesaria de las culturas prehispánicas, tuvieron una relación tan conflictiva como en el presente. Mucho tiempo antes de la llegada de los españoles, la acción conjunta de la caza masiva y la incapacidad para adaptarse a los cambios climáticos ya había provocado la extinción de muchas especies en América y el colapso de varias civilizaciones. Desde el mamut hasta alguna variedad de rinoceronte –entre decenas de especies de grandes mamíferos– habían desaparecido miles de años antes del primer desembarco de Cristóbal Colón. Tal vez la introducción de la ganadería le salvó la vida a la fauna silvestre sobreviviente, al constituir una oferta de carne de mayor calidad y más accesible[6].

Sin embargo, la idealización moderna de ese pasado prehispánico, desconociendo datos de esperanza de vida o de mortalidad infantil, o los desastres ambientales de la época, sumada al cambio abrupto de paradigmas económicos ocurridos durante la conquista –de producir para vivir a producir para exportar–, contribuyeron a construir una realidad mitológica que hoy reivindica el movimiento ecologista del continente.

El relato de la América prístina y paradisíaca se inició con la llegada misma de los conquistadores, que así describían el nuevo mundo que estaban descubriendo, lo que resultó bastante incómodo a la Iglesia católica, ya que increíblemente Dios había reservado el paraíso terrenal a salvajes sin alma, mientras que Europa era asolada por la peste.

---

6 Brailovsky, A. (2012). *Historia ecológica de Iberoamérica: de los mayas al Quijote.* Editorial Kaicron. 2ª edición. Bs. As. Argentina.

Pero no se puede desconocer que algunos de los mayores y más salvajes impactos ambientales de América fueron provocados en los primeros años de la conquista y fueron ejecutados en forma premeditada, como estrategia de dominación. El primer *ecocidio* –destrucción deliberada de ecosistemas, con el único fin de exterminio y dominación– no fue el bombardeo químico a los campos de Vietnam con el agente naranja fabricado por Monsanto; 450 años antes los ejércitos conquistadores destruían las tierras de cultivo y mataban camélidos en América como forma de debilitar la resistencia incaica.

Perú tenía, al llegar los conquistadores, el más formidable desarrollo agrícola que los españoles hubieran visto, con muchos miles de hectáreas abastecidas por sofisticados sistemas de riego. De hábitos alimentarios principalmente vegetarianos, los incas cultivaban más de cien especies vegetales además del maíz y practicaban una ganadería sostenible de camélidos para obtener carne y lana.

Entre el hambre, la viruela y la esclavitud en las minas, un siglo después de la llegada de los españoles la población incaica se había reducido en un 90 %. Aún hoy, gran parte de la sociedad peruana, con uno de los mayores crecimientos económicos del continente, añora la calidad de vida que tenía el pueblo incaico hace mil años.

Pero, como dijimos, el contexto ambiental prehispánico no era idílico ni mucho menos. En el discurso que exalta la sostenibilidad de los pueblos nativos, muchas veces se olvida el brutal control demográfico en tiempos de escasez –abortos sistemáticos en sociedades del Chaco paraguayo, el abandono de enfermos en tribus amazónicas, hasta la matanza de niñas en aldeas esquimales–, actos que hoy serían vistos como crímenes brutales, eran parte de la relación con el ambiente. Y en algunas sociedades en las que no existía control demográfico, el agotamiento de los recursos y el colapso fueron inevitables –la Isla de Pascua constituye un caso esclarecedor[7].

Si bien hay muchos ejemplos de agotamiento de recursos naturales por parte de pueblos indígenas americanos, provocando incluso su desaparición, las diferencias filosóficas y económicas en la forma de relacionarse con la naturaleza llevaron a que en pocos años los conquistadores provocaran impactos ambientales brutalmente mayores que los de los pueblos nativos. Para unos un árbol era un individuo, para los otros solo madera.

Pero no es exagerado decir que hasta la llegada de los españoles, América no era un continente. El concepto de *continente* es básicamente europeo; como dijimos en el capítulo anterior, es resultado de un pensamiento geopolítico, del establecimiento y la defensa de fronteras territoriales. En contraste, América se desarrollaba en una lógica local y de áreas de influencia, más que geográfica; hay muchas evidencias culturales, lingüísticas, económicas, alimentarias, de la desconexión entre pueblos. Este enfoque local de la vinculación con el medio contribuyó a un relacionamiento profundo de las comunidades con su entorno inmediato. Pero esta lógica cambió drásticamente con la llegada de los conquistadores. Tecnologías productivas desarrolladas localmente a lo largo de miles de años fueron sustituidas de golpe por otras desarrolladas en contextos diferentes y que en ocasiones habían demostrado ser devastadoras en Europa. Además, los conquistadores venían de una realidad infinitamente peor –entre 1340 y 1350 la peste negra mató a más de la cuarta parte de la población de Europa–, por lo que encontraban en el Nuevo Mundo una fuente interminable de recursos naturales, para revitalizar el modo de producción y consumo, que tanta gloria había dado a Europa y que había devastado sus recursos naturales.

---

7 Diamond, J, (2006). Colapso. *Por qué unas sociedades perduran y otras desaparecen.* Editorial Debate. España.

UN NUEVO DESEMBARCO: EL ECOLOGISMO

Los pueblos originarios de América tenían una actitud religiosa hacia la naturaleza, adoraban astros, ecosistemas, fenómenos meteorológicos o animales en particular; mientras que los conquistadores adoraban a un solo Dios, que tenía aspecto humano y les daba permiso para destruir la naturaleza, pero al mismo tiempo los amenazaba con el Apocalipsis. Ambas fuentes nutrieron la conformación del pensamiento ambiental en el continente, cuyo discurso es, en gran medida, resultado de ese sincretismo que adora a la naturaleza y anuncia el apocalipsis.

El pensamiento ecologista moderno en América Latina tiene bastante relación con ese choque violento de culturas ocurrido durante la conquista. De alguna manera, la idealización del continente paradisíaco ha contribuido a dar forma al ecologismo, y en esa misma dirección el ecologismo en el nuevo mundo adopta el discurso del pecado tecnológico de transformación de la naturaleza, del alejamiento de nuestro origen natural. Los transgénicos, la energía nuclear, la minería, los puertos, o cualquier otro ejemplo que se nos ocurra de aplicaciones tecnológicas para dar respuesta a las necesidades de una población humana que no cesa de crecer, serán objeto del más duro cuestionamiento, porque no harán más que acercarnos al Apocalipsis –climático, ecológico, por pandemias o por el agujero en la capa de ozono–. Y por todas partes encontrarán evidencias para corroborar su profecía: residuos que se acumulan, efluentes que contaminan ríos, agotamiento de recursos naturales, son interpretadas como pruebas irrefutables de nuestro accionar irresponsable, cada vez más alejado de la «naturaleza».

Una forma novedosa de esta religiosidad es el planeta con personalidad propia: la Pachamama, «El planeta está vivo», «La tierra llora». Pero la Pachamama en realidad es una metáfora milenaria que se refiere a la diversidad y a lo prolífico de la tierra, a su capacidad para proveernos de servicios ambientales –alimento, calor, saneamiento, etc.–, a lo maravilloso de sus paisajes y a cuánto dependemos de ella. Parece innecesario tener que aclarar que se trata de una metáfora, propia de la riquísima cultura de la América prehispánica y no de que el planeta esté llorando en realidad.

Un ejemplo similar, con una estética más científica que mágica, es el de Gaia, la teoría holística de la biósfera elaborada por el científico J. Lovelock[8], con muchos miles de seguidores en el mundo. Se trata de una interpretación literal de la Pachamama, es como la película *Avatar*, pero escrita con lenguaje científico –aunque igualmente fantástica–. La teoría Gaia, en resumen, postula que la tierra es una especie de organismo vivo, como un microbio gigante, que sufre cada impacto ambiental que provocamos, y que la estamos llevando hacia un cataclismo.

Asemejar el planeta a un organismo vivo es una forma de crear una imagen de vulnerabilidad y fragilidad que justifica nuestra pretenciosa y egocéntrica idea de salvar al planeta. Un planeta que recibió el impacto de, al menos, un meteorito de más de 10 km de diámetro y ya no tiene ni rastros del cráter, un planeta que extingue en forma totalmente natural decenas de especies por día, y suponemos que lo vamos a destruir nosotros con bolsas de plástico y maíz transgénico; hay al menos un problema de escalas en ese razonamiento.

Pero como señala Zizek[9], los cataclismos son la forma de funcionamiento de la naturaleza, no una excepción. Nuestra civilización existe como la conocemos por la ocurrencia de cataclismos. La matriz energética mundial, nuestra forma de

---

8   Lovelock, J. (2007). *La venganza de la tierra. La Teoría de Gaia y el futuro de la humanidad.* Editorial Planeta. España.

9   Zizek, S. (2008). *Examined Life, Philososophy in the streets.* Parte del documental. http://www.youtube.com/watch?v=00u4kUuU6rE

producir y de consumir, dependen del petróleo. ¿Y qué es el petróleo sino el resultado de un enorme cataclismo de alcance planetario? Inimaginables cantidades de materia orgánica que de golpe quedaron sepultadas, cuando en el planeta aún no existían hongos ni otros organismos capaces de degradarla. Gracias a la ciencia y a la tecnología, la humanidad hace uso de esos cataclismos ambientales. Nuestra vinculación con el entorno se basa en la construcción de sistemas tecnológicos, artificiales, que paradójicamente nos alejan de la naturaleza y nos permiten reducir nuestros impactos negativos. La añoranza de esa forma lineal y ordenada, de ese «equilibrio ambiental» no tiene ninguna relación con lo que realmente ocurre en la naturaleza.

Pasaron varios siglos desde aquel choque violento entre dos mundos, pasaron independencias y guerras, hasta la consolidación de un fascinante continente caracterizado por la diversidad y los contrastes. En un mismo país encontramos selvas, desiertos, picos nevados y playas paradisíacas. En un mismo país encontramos a los hombres más ricos del mundo y también a los más pobres.

Este paisaje se repite a lo largo de toda América Latina, pero a mediados del siglo pasado, una serie de procesos políticos ocurridos principalmente en Europa fueron determinantes para que el pensamiento ecologista tomara forma en América. Tal vez entre los hechos más influyentes figuran:

- Una Europa culta y sin apremios económicos comienza a interpelarse culposa por los desastres ambientales que provocó en todos los continentes para alcanzar esos niveles de bienestar, y que además está en condiciones de financiar, y orientar, el ecologismo en el tercer mundo;
- Una sociedad civil consciente del deterioro ambiental de distintos ecosistemas y su cuestionamiento a la adicción al progreso de todos los

gobiernos, que comienza actuando como organizaciones internacionales que apoyan el activismo ambiental en América –*ONG internacionales*–, pero luego actúan directamente, no como un apoyo, compitiendo y desplazando a las organizaciones locales –*ONG multinacionales*–;

- Sectores de una izquierda pacifista que se reconvierten ante el fin del mundo bipolar y la desaparición de la amenaza de guerra nuclear, sustituyendo las bombas atómicas por la energía nuclear y canalizando el miedo al holocausto hacia el terreno del medio ambiente.

Estos son algunos de los elementos que abonaron el surgimiento del movimiento ecologista en varios países de América, que tal vez nos permitan ubicarlo en el contexto latinoamericano. Obviamente, el pensamiento ecologista es de una heterogeneidad enorme, no es posible ensayar una definición que abarque todas las corrientes y matices que presenta en el continente, desde grupos de orientación marxista hasta otros que protagonizan actos fascistas, liderados por una variadísima gama de personajes, desde científicos hasta actores de telenovelas. Sin perjuicio de ello, intentaremos establecer algunas características comunes a sus principales variantes, a fin de comprender su rol en el nuevo escenario ambiental. Existen muchas caracterizaciones y clasificaciones posibles según distintos enfoques –ideológicos, históricos, religiosos–[10]. Desde un ecologismo duro o profundo, al que algunos autores denominan «verde oscuro», que es un movimiento básicamente ecocéntrico, que opone lo natural –bueno– a lo humano –malo–, hasta una corriente más moderada que estos mismos

---

10 Foladori, G. (2005). «Una tipología del pensamiento ambientalista». En ¿*Sustentabilidad?* *Desacuerdos sobre el desarrollo sustentable*. Pierri y Foladori, 2005. Edit. Porrúa. México. Aldunate Balestra, C. (2001). *El factor ecológico: Las mil caras del pensamiento verde*. LOM Ediciones. Santiago de Chile.

autores denominan «verde claro», con un discurso más equilibrado, que acepta que el rol protagónico del hombre no necesariamente es malo. Incluso, entre estos dos han surgido tonalidades de verde, como el «verde brillante»[11], claramente tecnocéntrico, que busca solo en la innovación científica y tecnológica la solución a los problemas ambientales de la época.

No profundizaremos en aspectos ideológicos o políticos más de lo imprescindible para discutir en forma práctica el rol del movimiento ecologista dentro del nuevo escenario ambiental latinoamericano. Con una mirada más orientada a la gestión, nos interesa analizar cómo algunas corrientes ecologistas son celebradas por medios masivos de comunicación, otras son perseguidas y acusadas de terroristas; otras hasta hacen consorcio con grandes multinacionales –Coca-Cola y WWF se asocian para proteger a los osos polares, en una relación en la que todos ganan, menos los osos–[12], pero veremos que el resultado de unos y otros sobre el ambiente es básicamente el mismo.

2. LA GLOBALIZACIÓN DEL CUENTO

Ante este nuevo desembarco, la acción ecologista en América Latina se materializó a través de organizaciones no gubernamentales (ONG) que en cada país recibían financiamiento de organizaciones europeas mucho más grandes –como Greenpeace o WWF– con presupuestos de cientos de millones de dólares y miles de empleados, actuando simultáneamente en decenas de países[13] y con donaciones de organismos internacionales de crédito –principalmente el BID y el Banco Mun-

---

11 Steffen, A. (2011). *Worldchanging: A User's Guide for the 21st Century.* www.worldchanging.com

12 Campaña Coca-Cola WWF para salvar osos polares, en http://worldwildlife.org/projects/wwf-and-the-coca-cola-company-team-up-to-protect-polar-bears

13 Como es nuestra intención concentrar la atención en las perspectivas y los desafíos ambientales de América, no profundizaremos en el prontuario de racismo y colonialismo de muchas de estas ONG -como WWF en África-. Una buena aproximación a este tema se puede encontrar en: Orduna, J. (2008). *Ecofascismo.* Editorial Martínez Roca. Bs.As.

dial–. Estos financiamientos nunca fueron desinteresados, condicionaron los temas y el discurso de las ONG en América Latina, hasta moldear un movimiento ecologista muy sintonizado con el europeo, que en ocasiones definió las políticas ambientales de nuestros estados –por ejemplo, países con 50 % de pobreza, cuyos gobiernos establecen la lucha contra el calentamiento global como una prioridad–. Pero esto no fue identificado como un problema grave o un peligro para la soberanía mientras el activismo se insertaba en luchas sociales legítimas, y sobre todo mientras el flujo de fondos era significativo –sin perjuicio de la larga lista de ONG ecologistas de América que actuaron como mandaderos de ONG europeas, en contra de los intereses de las comunidades locales.

Pero las cosas cambiaron drásticamente a partir del año 2008, cuando las economías europeas se desmoronaron y comenzó el recorte salvaje de los gastos estatales. Decenas de grandes ONG internacionales que vivían de subsidiar con dineros públicos a ONG del tercer mundo, que tenían un rol más financiero y administrativo que ambiental, de golpe se quedaron sin fuentes de financiamiento y con miles de técnicos y burócratas subempleados. Entonces estas grandes ONG desembarcaron en cada país del continente donde hubiera condiciones adecuadas y dejaron de cooperar con los locales para competir con ellos por los escasos fondos disponibles. Pasaron de ser organizaciones internacionales, como la Cruz Roja, a ser organizaciones multinacionales, como Coca-Cola. La Cruz Roja coopera con el sistema de salud de los países pobres, no compite con él; Coca-Cola compite con las compañías locales de refrescos hasta que las hace desaparecer –por lo general mantiene sus marcas en una parodia de competencia.

Ante el nuevo escenario de crecimiento en América y de crisis en Europa, las grandes ONG ecologistas se fueron transformando en una especie de quinta columna, representantes de grandes intereses económicos europeos, enfrentando sistemáticamente proyectos de inversión públicos o privados a desarrollarse en América, desconociendo los riesgos ambientales reales que estos entrañaran. En muchos casos, estos nuevos proyectos de inversión pertenecen a empresas europeas que huyen de la crisis y son atraídas por un mercado emergente, por la gran disponibilidad de materias primas y por las políticas de promoción de inversiones de los países de la región.

Esta nueva forma del ecologismo reforzó su estrategia propagandística, llamar la atención, el efectismo cada vez con menos argumentos técnicos: adjetivar en lugar de cuantificar. Para esto fue imprescindible redoblar la apuesta de los pronósticos apocalípticos, alejando los temas ambientales del ámbito científico, de la planificación y la gestión. El nuevo discurso ecologista se niega a medir, solo emite juicios de valor.

Pero simultáneamente en este nuevo escenario, América Latina comienza a transitar tímidamente un camino de fortalecimiento institucional, de desarrollo de herramientas legales y elaboración de políticas públicas. Y en ese contexto, las ONG ecologistas pierden sentido, ya que la fortaleza de las ONG es proporcional a la debilidad institucional del Estado. En la medida en que las políticas se formalizan y son adoptadas por el Estado y este se hace cargo de la administración en un sentido amplio, las ONG ya tienen poco que hacer. El ecologismo es sustituido por la legislación ambiental, por procesos formales de planificación y control. Estas son señales de surgimiento de una alternativa al ecologismo.

Veamos algunos ejemplos de este discurso ecologista en América Latina.

EL MÉTODO DE LAS HORMIGAS

El método para verificar los impactos ambientales del calentamiento global se parece mucho al cuento del explorador que llega a una remota aldea para conocer las costumbres de los aborígenes y el cacique le dice: «Aquí los hombres que desobedecen la ley se convierten en hormigas». El explorador sonríe y le explica que eso es imposible, que nunca un hombre se podrá convertir en hormiga. «¿Ah, no?» le dice el cacique y mirando el suelo le señala un camino repleto de hormigas y le pregunta «¿Y entonces eso que es?».

Básicamente el mismo método se utiliza para verificar los graves daños provocados por el calentamiento global: una inundación, lluvias inusualmente copiosas, el aumento del nivel del mar, se presentan como evidencias irrefutables de nuestros impactos sobre el clima, independientemente de que esos fenómenos naturales hayan ocurrido con la misma intensidad o frecuencia desde mucho antes de la presencia del hombre en el planeta.

Se anuncia con gran preocupación que el nivel del mar se elevará 60 cm durante este siglo, y eso sirve de demostración del calentamiento de origen antrópico. Lo que se omite es que 60 cm es el promedio de elevación natural del nivel del mar de los últimos miles de años. Durante la última glaciación, hace cerca de 20 000 años, el mar estaba 120 m por debajo del nivel actual, y el paulatino descongelamiento de glaciares y otros hielos continentales provocó un aumento aproximado de 60 cm por siglo, sin perjuicio de los ascensos y descensos en los períodos interglaciares. Los datos de campo de los mareógrafos colocados en distintos sitios no permiten concluir que el aumento esperado del nivel del mar se haya acelerado en el último siglo[14].

Algo similar ocurre con el pronóstico de las catástrofes planetarias que resultarían del detenimiento de las corrientes oceánicas que son impulsadas por las diferencias de temperatura y salinidad. El agua más fría y salada es más densa, por lo tanto se hunde desplazando masas de agua menos densas y asegurando un movimiento permanente de los

---

14 Houston J. R. & R. G. Dean (2011). «Sea-Level Acceleration Based on U.S. Tide Gauges and Extensions of Previous Global-Gauge Analyses». *Journal of Coastal Research*, Vol. 27, No. 3, 2011.

océanos. Además de que no hay ninguna evidencia de que se esté modificando la salinidad de los océanos, en este caso lo que se omite para pronosticar la catástrofe es nada menos que el efecto de la rotación de la Tierra, que gira sobre su eje con una velocidad que va de más de 1500 km/h en el Ecuador a cero en los polos. Esta rotación provoca el efecto Coriolis, que genera circulaciones en el sentido de las agujas del reloj en el hemisferio norte y en el sentido contrario en el hemisferio sur, y es por eso que la circulación de los océanos no ocurre solo en sentido norte-sur, como sería esperable si solo la determinara la salinidad y la temperatura. Es decir, estos efectos serían catastróficos, solo que primero debería detenerse la rotación de la Tierra.

En resumen, no hay dudas de que nuestras emisiones de gases de efecto invernadero son nocivas para el ambiente, pero el considerar como método de análisis una sola hipótesis para explicar las causas de un evento, dejando afuera todas las otras explicaciones posibles, hace que al ocurrir el evento se corrobore automáticamente la hipótesis, por más disparatada que esta sea. Esta forma de simplificar el análisis cuando se estudian procesos de gran complejidad, como el clima, es uno de los errores (o fraudes) más viejos del método científico, el método de las hormigas.

GREENPEACE REDISEÑA EL COLIBRÍ

Las Cumbres del Cambio Climático (COP) son algo así como los Juegos Olímpicos del Carbono. Se realizan desde hace 20 años y cada una es más grande y glamorosa que la anterior, miles de delegados de todo el mundo agotan los vuelos, paralizan al país anfitrión y por un par de semanas copan hoteles, bares y restaurantes. Igual que en los Juegos Olímpicos, en cada una se empieza de nuevo, sirviendo para muy poco los logros obtenidos en la anterior.

La penúltima cumbre, que se realizó en Lima con la participación de más de 15 mil personas de 200 países, hubiera pasado desapercibida para el resto del mundo como las 19 anteriores, hubiera sido otro *happening* global de la burocracia ambiental, de no ser por Greenpeace que decidió hacer un aporte que trascendiera al propio evento, colocando un enorme cartel en el colibrí de Nazca[15].

Estas maravillosas figuras dibujadas en el desierto por la cultura nazca hace más de 1500 años –el mono, la ballena, el cóndor y el colibrí son algunas de las más conocidas–, constituyen uno de los mayores orgullos de Perú y fueron declaradas Patrimonio de la Humanidad por UNESCO hace más de veinte años, lo que contribuyó a detener su deterioro. Hoy solo ingresan a la zona expertos equipados con calzados especiales y autorizados por el gobierno peruano.

Uno de los misterios que más ha abonado la imaginación de los buscadores de ovnis es el hecho de que estas figuras, que abarcan más de 500 km^2, son imperceptibles desde el suelo, solo se ven desde gran altura. Y por eso se le ocurrió a los ingeniosos activistas de Greenpeace ingresar caminando en la noche y desplegar un enorme cartel –en inglés– al lado del colibrí.

Desde ahora y para siempre, y pese a la indignación de los peruanos, el colibrí de Nazca tiene una raya más, formada por las pisadas de los ecologistas. La acción, que aparenta ser producto de la penosa ignorancia de un grupo de militantes, en realidad no refleja ignorancia –entre los profanadores había varios profesionales, incluyendo un arqueólogo–. Esta acción refleja la relación entre lo local y lo global en el discurso ecologista. Una relación soberbia y sorda, una relación colonizadora.

---

15 http://www.infobae.com/2014/12/11/1614496-video-el-dano-irreparable-greenpeace-las-lineas-nasca

Pero el show debe continuar, así que Greenpeace olvidó rápidamente el suceso y se abocó a preparar la siguiente cumbre del clima que recibió a miles de delegados en Francia, superando el glamour de todas las anteriores y que se cobró varias víctimas, entre las que se destaca el meteorólogo del canal de la TV pública de Francia que publicó un libro titulado *Climat investigation*, en el que pone en duda la responsabilidad humana en el cambio climático y denuncia la coordinación de distintos grupos de poder detrás del discurso oficial. El gobierno francés, preocupado por promover el debate, actuó de inmediato, despidiendo al señor que presenta el pronóstico meteorológico en TV[16].

En este contexto, en el discurso del cambio climático pasan a un segundo plano los resultados científicos como forma de constatación. El IPCC (Grupo Intergubernamental de Expertos sobre el Cambio Climático) es el principal ámbito de elaboración del discurso ambiental al servicio del primer mundo. Este organismo de la ONU se ha transformado en una enorme estructura burocrática, construida sobre columnas de papel. Y lo que da más fragilidad al discurso del IPCC es que no asume su subjetividad, que presenta sus decisiones políticas como resultado de constataciones científicas irrefutables y esto es autodestructivo para sus propios intereses.

El proceso de calentamiento continuo que experimenta el planeta desde el siglo XIX no se ha acelerado recientemente; por el contrario, cada vez más equipos de científicos apuntan a que las predicciones de aumento de varios grados por las emisiones humanas de CO_2 son al menos exageradas. Un número importante de investigaciones, compiladas entre otros por el Dr. Patrick Michaels[17], demuestran que la sensibilidad del clima a las emisiones de CO_2 es un 40 %

---

16 http://www.espectador.com/medioambiente/325216/puso-en-duda-el-cambio-climatico-y-lo-suspendieron

17 http://www.cato.org/people/patrick-michaels

más baja que la supuesta por los modelos empleados para la predicción climática y que estas deben ajustarse a la baja.

En resumen, la Tierra no se está calentando con la rapidez pronosticada, los huracanes y las sequías no se han incrementado significativamente, no existe ninguna aceleración en el aumento del nivel del mar, en el Ártico disminuye el hielo pero en la Antártida se incrementa, definitivamente las evidencias empíricas no apoyan los pronósticos alarmistas del IPCC.

Mientras miles de delegados de todo el mundo discuten y tejen delicados equilibrios políticos en cada cumbre del clima para acordar el compromiso de que la temperatura aumente solo 2 °C a finales de siglo —a un costo social y económico inmenso—, las emisiones de CO_2 bajarán independientemente de lo que ellos acuerden. Aún desconociendo los pronósticos de los científicos, que anuncian el inicio de un período de enfriamiento global debido a las variaciones en la actividad solar, incluso con independencia de lo que decidan las dos economías más grandes del mundo que hasta ahora le han hecho muy poco caso al IPCC.

Es muy probable que en breve las emisiones antrópicas de CO_2 comiencen a bajar y que antes de lo previsto se alcancen los objetivos de reducción del IPCC. Pero la reducción de las emisiones se deberá a la sustitución de petróleo por gas en la generación de energía eléctrica, e indirectamente en el transporte y la industria, entre otros cambios tecnológicos. Como hemos comentado en el capítulo anterior, en el transcurso de este siglo la ganadería dejará de emitir gases de efecto invernadero, y antes que eso los vehículos serán emisión cero, y a lo largo de ese proceso muchos grandes movimientos de carga serán sustituidos por la producción local de alta tecnología y bajo costo (aunque parezca de ciencia ficción, será más barato imprimir en 3D que importar de China).

Esta sustitución de fuentes de energía se debe a la búsqueda de mayor eficiencia económica y no a razones ambientales. En pocas palabras, las emisiones de CO_2 y posiblemente la temperatura se reducirán independientemente de lo que discutan y acuerden en París.

Ante estas evidencias, los sectores más flexibles del discurso ecologista han ido migrando hacia argumentos más pragmáticos para oponerse a los combustibles fósiles, basando su cuestionamiento en que «el petróleo se acabará, por lo que es necesario reconvertirse lo antes posible a otras fuentes de energía y las renovables son más baratas, por lo que se impondrán en el mercado», pero este argumento es tan frágil como el del apocalipsis climático. El incremento de las reservas mundiales de petróleo es una de las causas de la caída en los precios, y las reservas de gas en el lecho marino –hidratos de metano–, que aún no se han comenzado a explotar, superan a las de petróleo y carbón juntas. Unas de las reservas de hidrocarburos más grandes del planeta se encuentran bajo el Ártico y aún están intocadas. No parece que los combustibles fósiles se vayan a acabar a la brevedad. Además, cerca del 90 % de la energía que consumimos en la actualidad proviene de combustibles fósiles en tres categorías: petróleo para transporte, gas para calefacción y carbón para electricidad, y los avances tecnológicos han permitido que las emisiones de CO_2 por unidad de energía generada sean cada vez menores.

Respecto al argumento de que las energías renovables se impondrán en el mercado, vale decir que la eólica constituye 1 % de la energía consumida en el planeta y la solar mucho menos del 1 %. Ninguna de las dos ha contribuido para nada en la reducción de las emisiones de CO_2, además de que su costo es mucho mayor que los combustibles fósiles. El pequeño incremento de estas dos fuentes de energía apenas ha compensando el enlentecimiento de la energía nuclear –libre de CO_2–, que no crece básicamente porque es muy cara y se mantiene entre el 5 y el 7% de la matriz energética global. La energía eólica y la solar tienen el problema adicional de requerir mucho espacio y producir poca energía por m^2 – además de otros problemas como la dificultad para almacenar energía, el costo de los equipos o la necesidad de respaldo mediante fuentes de generación con base en combustible fósil para cuando no hay viento o sol–. La energía renovable por excelencia es la hidroeléctrica, pero su crecimiento está limitado por las posibilidades de expansión[18].

Definitivamente, cada fuente de energía resuelve los problemas ambientales generados por la anterior, pero su obsolescencia no se debe a estos problemas ambientales sino al descubrimiento de una fuente más eficiente. El uso del carbón detuvo la deforestación de Europa. El petróleo, al sustituir al carbón, redujo la presión sobre ballenas, focas y otras fuentes de grasa, pero el uso del petróleo no tuvo por finalidad proteger a las ballenas. Cuando los combustibles fósiles sean sustituidos por otras fuentes de energía será porque las nuevas serán más eficientes globalmente y no solo desde el punto ambiental. Es muy probable que la energía solar espacial[19] y la fisión nuclear cumplan esta función de sustituir al petróleo.

Y POR FIN SE LLEGÓ AL CONSENSO

Mientras que anualmente se reúnen miles de delegados de todo el mundo, como los obispos de un concilio climático, y *llegan a acuerdos* respecto a la gravedad del problema y a la inminencia del desastre, se suman las investigaciones científicas que ponen en duda las predicciones apocalípticas.

---

18 Ridley, M. (2015). «Los combustibles fósiles salvarán al mundo». *Wall Street Journal.* 28 de junio de 2015.

19 Dudenhoefer, J. E. & P. J. George (2000). «Space Solar Power Satellite Technology Development at the Glenn Research Center—An Overview». NASA/TM—2000-210210. In 34th National Heat Transfer Conference sponsored by the American Society of Mechanical Engineers. August 20–22, 2000. Pittsburgh, Pennsylvania.

Un reciente artículo de la revista *Science*, una de las revistas científicas más prestigiosas del mundo, cuestiona la metodología empleada por el IPCC, concluyendo que sus predicciones son exageradas y que los niveles de incertidumbre son muy altos[20], y se suma así a las investigaciones que continúan ajustando a la baja las predicciones del desastre climático, pero este organismo de Naciones Unidas no se inmuta porque el número de herejes siga creciendo.

Simultáneamente, científicos de varios países pronostican el inicio de un nuevo periodo de enfriamiento, restando importancia al componente humano en el calentamiento global y adjudicando la mayor importancia a la actividad solar[21]. La última reunión de la Sociedad Nacional de Astronomía realizada en el Reino Unido entró en pánico ante las palabras de la prestigiosa astrónoma rusa Valentina Zharkova, quien anunció que se avecina una edad de hielo similar a la ocurrida en la segunda mitad del siglo XVII[22]. Según esta científica, el fenómeno se comenzará a sentir en menos de 15 años y es causado por variaciones en la actividad solar. La novedad consiste en que su equipo de investigadores desarrolló un modelo que arroja resultados de la actividad solar, con una precisión sin precedentes.

Un estudio publicado en 2015 por la Academia Nacional de Ciencias de los EE. UU. concluyó que el hielo en la Antártida está disminuyendo aceleradamente por el calentamiento global y que esto contribuirá a acelerar el aumento del nivel del mar[23]. El estudio pronostica que a finales de

---

20 Schmittner, A. et al. (2011) «Climate Sensitivity Estimated from Temperature Reconstructions of the Last Glacial Maximum» *Sciencexpress*. www.sciencexpress.org/24November2011/ Page1/10.1126/science.1203513

21 Científicos rusos vuelven a pronosticar que a partir de 2014 comenzará el período de enfriamiento: http://actualidad.rt.com/ciencias/view/86232-cientificos-rusos-enfriamiento-global

22 Hyde, D. (2015). «Earth heading for 'mini ice age' within 15 years». *The Telegraph* http://www. telegraph.co.uk/news/science/11733369/Earth-heading-for-mini-ice-age-within-15-years.html

23 Feldmann, J. & A. Levermann. (2015). «Collapse of the West Antarctic Ice Sheet after local destabilization of the Amundsen Basin». *Proceedings of the National Academy of Sciences of the United States of América*. Vol. 112 No. 46 Johannes Feldmann, 14191–14196, doi: 10.1073/pnas.1512482112

este siglo el continente antártico podría permanecer sin hielo durante todo el verano y que este deshielo es lo que está causando la reducción en las poblaciones de pingüinos Adelaida. Sin embargo, otro estudio señala que el efecto del deshielo es el contrario, que la población de pingüinos Adelaida se ha multiplicado por 135 en los últimos 14 000 años, hay más de un millón de parejas reproductoras y no paran de aumentar[24].

Por si esta contradicción no fuera suficiente, otro estudio aún más reciente publicado por la NASA estableció que el hielo de la Antártida no está disminuyendo; por el contrario, está aumentando y esto contribuye a equilibrar las pérdidas de hielo ocurridas en Groenlandia[25]. Cuando uno de los argumentos del IPCC es que la pérdida de hielo antártico es una de las causas de aceleración en el aumento del nivel del mar, los científicos de la NASA concluyen que las causas del aumento del nivel del mar deben buscarse en otro lado, lejos de la Antártida, y los mareógrafos instalados en los puertos más importantes del mundo indican que nosotros no tenemos nada que ver. No olvidemos que la Antártida es bastante más grande que los EE. UU. por lo que extrapolar resultados de estudios específicos y generalizarlos a todo el continente parece bastante audaz. Al menos sería bueno admitir que son temas en discusión y que no existe un consenso científico al respecto.

A esta altura no podemos negar una pequeña dosis de esquizofrenia en el discurso apocalíptico del calentamiento global, y por si fuera poco, son cada vez más los científicos que a lo largo del planeta dudan de la linealidad y la simplificación en el discurso del IPCC. Pero muy lejos de escuchar esta visión disidente, se los acusa de «escépticos» o de estar al servicio del *lobby* petrolero.

---

24 Younger, J. et al. «Proliferation of East Antarctic Adélie penguins in response to historical deglaciation» *BMC Evolutionary Biology.* 2015 DOI 10.1186/s12862-015-0502-2

25 Zwally, H. J. et al (2015). «Mass gains of the Antarctic ice sheet exceed losses». *Journal of Glaciology.* Vol. 61, No. 230, 2015 doi: 10.3189/2015JoG15J071

El IPCC insiste en el «consenso científico» acerca de las causas del cambio climático, pero es muy interesante ver cómo se construye este consenso. Con el aporte económico de todos los países del mundo, administrados por la Organización de las Naciones Unidas, se financian investigaciones, publicaciones, congresos y cursos, con términos de referencia absolutamente alineados con el discurso del IPCC. Existen institutos de investigación en todo el mundo, ONG y miles de funcionarios que dependen económicamente de la existencia de la alarma climática. Los presupuestos ambientales de los países del tercer mundo están brutalmente desequilibrados hacia el discurso del calentamiento antropogénico, en detrimento de los problemas ambientales concretos y tangibles que los afectan –como los residuos sólidos, la erosión por las malas prácticas agrícolas, los efluentes, entre otros–. A esto se suman cientos de eventos internacionales con miles de delegados que viajan y se reúnen todos los años en las cumbres de cambio climático y sus reuniones preparatorias, cada una más inútil que la anterior, entre otras cosas porque los dos principales emisores de gases de efecto invernadero, EE.UU. y China, no suscriben los acuerdos ni cumplen los compromisos. Por otra parte sería un ejercicio interesante estimar la huella ecológica de las cumbres de cambio climático –que generan inmensas cantidades de basura y gases de efecto invernadero–. No es difícil suponer que este colosal esfuerzo económico, institucional y mediático de escala planetaria adopte la apariencia de consenso. El discurso del calentamiento global se construye con herramientas retóricas, «todo el mundo está de acuerdo», «los científicos opinan», y sobre estos axiomas propagandísticos de bases falsas se diseñan estrategias totalmente divorciadas de los problemas ambientales locales que afectan a las personas.

El «consenso científico» parece ser una nueva forma de hacer ciencia, antes el método exigía pruebas experimentales, ahora exige que la mayoría esté de acuerdo. ¿A partir de cuántos científicos diciendo lo mismo se vuelve cierta una hipótesis, aunque no haya pruebas experimentales? Me gustaría saber la opinión de Galileo Galilei.

Pero si esto fuera poco, un reciente estudio publicado en *Environmental Science and Technology*[26] demostró que tal consenso no existe entre la comunidad científica y que las afirmaciones del IPCC de «la gran mayoría», «la casi totalidad», «más del 97 %» son un recurso retórico de vocación autoritaria y no el resultado de una verificación objetiva.

Tal vez lo más absurdo de esta globalización del problema climático es el desarrollo de ese discurso vago adjudicando las responsabilidades a «el hombre». Como mencionamos en el capítulo anterior, mientras que cerca del 50 % de los gases de efecto invernadero de origen antrópico son emitidos por EE.UU. y China, toda América Latina junta no llega a emitir el 10 %, por lo que no se trata de un problema ético, es totalmente práctico. Veamos el siguiente cálculo: más del 99,9 % de los gases de efecto invernadero presentes en la atmósfera son de origen natural −nubes y vapor de agua−, menos del 0,1 % es CO_2 emitido por el hombre, y de ese 0,1% América Latina genera menos del 10 %. Además, como América Latina tiene como prioridad la satisfacción de las necesidades básicas de su población, no se planteará objetivos de reducción de sus gases de efecto invernadero superiores al 10 % −que ya sería un compromiso irresponsablemente alto−. Lo anterior significa que América Latina, embarcándose en una cruzada continental de reducción de los gases de efecto invernadero, podría hacer un aporte cercano al 0,001 %.

Esta esquematización no refleja fielmente los pronósticos del IPPC, entre otras razones porque los modelos predictivos empleados asumen condiciones de atmósfera seca,

---

26 Verheggen, B. et al (2014). «Scientists' views about attribution of global warming». *Environ. Sci. Technol.* 2014, 48, 8963-8971. http://pubs.acs.org/doi/ipdf/10.1021/es501998e

solo intentamos esquematizar el papel de la naturaleza y la irracionalidad de las campañas de reducción de gases de efecto invernadero en que se suelen embarcar los gobiernos de la región[27]. Se centra la atención en el villano de turno, un villano de escala planetaria que debe concentrar toda nuestra energía porque es culpable de nuestros problemas, mientras tanto los malandrines de barrio –residuos sólidos, aguas cloacales– siguen haciendo sus fechorías impunemente.

Es así que la construcción política y mediática en torno al calentamiento global va mucho más allá de cuántos grados subirá la temperatura; tiene que ver con las prioridades de asignación de recursos y con los motivos de movilización social. Si la causa de la hambruna de África es el cambio climático, no es una inmoralidad que los recursos financieros del mundo se inviertan en salvar bancos. Pero si los gobiernos del tercer mundo, la opinión pública, los medios de comunicación global y las organizaciones de la sociedad civil se movilizaran presionando para incidir en las prioridades de inversión global, se podría salvar a mil millones de personas con hambre antes que salvar a la banca.

Cuando se dice que el calentamiento global podrá provocar el hambre de cientos de millones de personas, es paradójicamente cierto, pero no porque el incremento de temperatura impida la producción de alimentos –ya que es al revés–, sino porque la distracción de recursos, la priorización financiera sobre la humana, la confusión ideológica de grandes sectores sociales, atentan contra la solución de los problemas más urgentes.

El portal *www.pointcarbon.com* titula con el mal desempeño ambiental de Japón, cuyas emisiones de CO_2 se incrementan año a año. Pero, ¿es relevante esa información sin aclarar que Japón, presionado por la comunidad internacional,

---

27 Latchinian, A. (2011) *Globotomía. Del ambientalismo mediático a la burocracia ambiental.* Editorial Puntocero. Venezuela.

detuvo decenas de centrales nucleares o que sufrió el peor tsunami de su historia reciente y que debió atender –y calefaccionar– a cientos de miles de personas afectadas?

Con relación a este ejemplo de Fukushima, vale precisar que con las centrales nucleares hay un problema de fondo sobre el que las sociedades de América deberán reflexionar. Los accidentes nucleares suelen ser causados por eventos estadísticamente imposibles, todos los análisis de riesgo –realizados por científicos de primer nivel– indican que la probabilidad de que ocurra un accidente grave es despreciablemente baja (inferior a una en 10^{18}), sin embargo, han ocurrido decenas de accidentes nucleares en centrales en Europa, Asia y EE. UU. Tal vez el análisis de riesgo no sea la herramienta adecuada para la evaluación y gestión preventiva de estas instalaciones. Tal vez sea necesario gestionar para lo impensado y no solo para lo probable. Las centrales nucleares han demostrado que los *cisnes negros*[28] existen y que debemos gestionar para lo incierto, para lo que no conocemos y por lo tanto no tenemos idea de la probabilidad de que ocurra. El análisis de riesgos es una herramienta probabilística y por lo tanto analiza todo aquello que queda comprendido dentro de la campana de Gauss de los eventos probables. Al aplicarla de forma exigente y rigurosa se tomarán en cuenta hasta los elementos menos probables, ubicados en los extremos de la campana, pero tal vez el desafío en las centrales nucleares sea gestionar para el universo infinito de eventos que están fuera de la campana, que no sabemos cuáles son ni la probabilidad de que ocurran. Eso implica un cambio esencial en el abordaje de las centrales nucleares, gestionar para la incertidumbre y no para la certeza. Pero no nos engañemos, el problema principal que enfrenta la energía nuclear es su origen pecaminoso, su

---

28 Taleb, N. (2012). *El cisne negro. El impacto de lo altamente improbable.* Editorial Planeta, España.

origen ligado al uso militar y a uno de los peores genocidios de la historia, que hace que aunque hablemos de medicina nuclear, mucha gente pensará en un hongo atómico, y este estigma es ilevantable.

Pero volviendo al IPCC, en su último informe (del año 2014) ya es mucho más explícito en sus intenciones, prácticamente acusa a China de ser el responsable del calentamiento global y recomienda que los demás gobiernos del hemisferio norte tomen medidas contra los países en desarrollo que produzcan más emisiones de gases que las aceptables.

Tal vez el principal perjuicio que provoca la adopción obediente de este discurso ambiental en América Latina sea la inutilidad de los esfuerzos en un contexto de recursos limitados y problemas urgentes. Poner en primer lugar de la lista de prioridades ambientales el incremento de la temperatura de nuestros países, sería solo una tontería o una ingenuidad, si no fuera la base para la distracción de los problemas verdaderos y urgentes de la región. El último gran salvataje del sistema financiero de EE. UU. y Europa –17 trillones de dólares– sería suficiente para erradicar el hambre del mundo por 500 años independientemente del cambio climático –según los costos estimados por la FAO–[29]. Sin embargo, según el discurso ecologista duro, el hambre de mil millones de personas está más relacionada con el aumento de temperatura que con las prioridades de inversión de los gobiernos del primer mundo.

No podemos terminar de analizar el discurso global respecto del cambio climático sin hacer referencia al eslogan de las Naciones Unidas para el Día Mundial del Medio Ambiente. En 2014 la frase fue «Alza tu voz, no el nivel del mar», que por su frivolidad podría ser el eslogan de Coca-Cola o de una compañía de telefonía celular. Parece que la estrategia de la

---

29 Max-Neef, M. (2011). «El mundo en rumbo de colisión». http://www.youtube.com/watch?v=BaAzKHV2ku4

ONU para controlar el nivel del mar es que levantemos nuestra voz. Queda librada a nuestra acción individual la solución del problema, asegurando la inutilidad del esfuerzo: no logro desentrañar cómo si todos levantamos la voz va a descender el nivel del mar. Si el cambio climático es de la gravedad anunciada, esta frase sería equivalente a que la ONU, ante las masacres en Ruanda, propusiera «Hagamos el amor y no la guerra». Y es que en realidad el eslogan refleja la gravedad que tiene este problema. Cuando un asunto es verdaderamente crítico para la ONU, no lo deja librado a la conciencia individual ni a vaguedades como que alcemos la voz.

Pero en 2015 la ONU redobló la apuesta y la frase del Día del Medio Ambiente fue «Siete mil millones de sueños, un solo planeta. Consume con moderación». Todo es falso en esta frase que podría haber correspondido a una marca de whisky promoviendo un consumo moderado de alcohol, pero nuevamente se trata de las Naciones Unidas haciendo un discurso interno y autorreferencial para los países desarrollados, haciendo de cuenta que algunos continentes no existen. Es mentira, no hay «un solo planeta», Europa es uno, África es otro y no es ingenua la unificación del discurso.

Asumiendo que no es una broma de mal gusto, decirle a la mayoría de la población de África «consume con moderación» es una torpeza enorme y también lo es «siete mil millones de sueños», cuando la ONU le está hablando a cientos de millones de personas con hambre, a la población de países como Níger, donde la mayoría de los niños menores de cinco años mueren de hambre, donde hace tiempo que ya no tienen sueños, solo hambre.

LO PEOR SON LAS HUELLAS DE LAS VACAS

Originalmente la huella ecológica fue concebida como una herramienta contable para estimar el consumo de recursos y la emisión de desechos de una población, una empresa o una economía, expresados en área de suelo productivo. Por ejemplo, si dividimos la superficie productiva de nuestro planeta entre la población actual, tendremos que a cada persona le corresponde un poco menos de 1,5 hectáreas; sin embargo, cada habitante de los EE. UU. tiene en promedio una huella ecológica de entre 5 y 10 hectáreas. Esto significa que si cada habitante del mundo consumiera recursos y generara emisiones como en EE. UU., necesitaríamos varios planetas para seguir viviendo[30].

A pesar de eso, se hacen enormes promedios que diluyen las realidades específicas y se habla de «nuestra» huella ecológica, cuando muchos países consumen menos de lo que les correspondería en este reparto –en Haití el promedio es inferior a 1 hectárea por habitante–. En realidad, una herramienta así de amplia es de muy poca utilidad práctica en la gestión de problemas ambientales, y desde hace más de una década la huella ecológica se ha convertido en una nueva forma de globalización del discurso ambiental y ha sido usada frecuentemente para penalizar a países por los consumos y emisiones de sus procesos productivos, simplificando la complejidad de los problemas ambientales, desconociendo la realidad local, las urgencias y particularidades de cada país.

La variante más difundida de huella ecológica es *la huella de carbono*, que en forma excesivamente aséptica se puede definir como el rastro en gases de efecto invernadero (GEI) que dejan los procesos de producción y los hábitos de consumo. Pero si consideramos que esta huella tiende a ser mayor en los países con tecnologías más antiguas y con mayores necesidades de crecimiento, y que existen cada vez más penalizaciones para las industrias, sistemas de transporte, etc. que emiten más GEI, sería una ingenuidad pensar

30 Wackernagel, M. y W. Rees, (2001). *Nuestra huella ecológica. Reduciendo el impacto humano sobre la Tierra.* LOM Ediciones. Chile.

que se trata de una herramienta ecuánime y objetiva de medición, ya que las consecuencias reales de la aplicación de la huella de carbono en países del tercer mundo pueden ser tanto o más negativas que los efectos del cambio climático.

Cada vez más, las grandes ONG y los organismos de crédito –BID y BM, principalmente– coordinan esfuerzos con todo su andamiaje político y mediático para trabajar en la huella de carbono, el ejemplo más global del discurso ambiental. Proponer a algunos países africanos que instalen aerogeneradores o paneles solares para no contaminar es una tontería, muchos de esos países deben desarrollar industrias y agregar valor a sus recursos naturales –aunque habría que empezar por devolverles la propiedad de sus recursos naturales–; pero decirles que la muerte de millones de sus habitantes está asociada al cambio climático es un chiste de muy mal gusto. Esos países deben tener muchas más chimeneas antes de preocuparse por lo que hoy ocupa al IPCC.

Muchos países desarrollados que no tienen petróleo y durante un siglo dependieron del suministro desde otros continentes para su desarrollo industrial, están cambiando aceleradamente su matriz energética a formas más limpias y menos dependientes de los hidrocarburos[31]. Esta reconversión es posible porque sus nuevas actividades industriales –entretenimiento, TIC, etc.– lo permiten, y porque la industria con chimeneas se está trasladando a países más baratos.

Para emprender este cambio colosal en su matriz energética-industrial tuvieron que desarrollar primero una sofisticadísima industria de las energías renovables –eólica, solar, etc.– que, para ser económicamente viable en el contexto recesivo de muchos de esos países, requería acceder al enorme mercado de las economías emergentes del tercer mundo. Así que simultáneamente se fue instalando en el mundo el discurso de

31 Plan estratégico 2014-2018 del Departamento de Energía de los EE.UU. http://www.energy.gov/sites/prod/files/2014/04/f14/2014_dept_energy_strategic_plan.pdf

que las energías limpias son la principal solución al desastre climático; y los países que antes dependían de recibir petróleo hoy son los dueños de la solución al problema climático.

A partir de que comenzaron las presiones asociadas a la alarma climática sobre los países que pretenden industrializarse, apareció el negocio de la reconversión energética. Aerogeneradores que se fabrican en Europa y EE. UU.[32], con niveles de tecnología inaccesibles para América del Sur, son promovidos e instalados con mucha alegría por nuestros gobiernos, que ahora dependen absolutamente de insumos y mantenimiento extranjeros, y prometen profundizar aún más la dependencia tecnológica de nuestra matriz energética. Cuando todos los países de América tienen refinerías de petróleo y la mayoría han descubierto prometedoras reservas, se instala la satanización de los hidrocarburos y comenzamos a comprar aerogeneradores, que obviamente no se fabrican en América.

Tal vez uno de los aspectos más graves de este discurso de imposición de la sustitución energética sea la pérdida de control estatal sobre la generación de energía. Hasta hace pocos años todos los países de América mantenían la generación de energía eléctrica bajo estricto control estatal, principalmente mediante represas hidroeléctricas y centrales térmicas —las centrales nucleares, los aerogeneradores y otras fuentes tenían un rol complementario—. Pero las nuevas inversiones «limpias», por ejemplo en parques eólicos y campos de paneles solares, suelen ser inversiones extranjeras que le venden la energía al Estado, que ahora distribuye la energía generada por empresas privadas. Sin pretender analizar su conveniencia o los riesgos para la soberanía de un país, que la generación de energía pase del Estado a manos privadas parece ser un cambio estratégico.

---

32 Aunque China intenta ingresar en el mercado de los aerogeneradores, los principales fabricantes siguen siendo EE. UU. y Dinamarca. Más información en: http://www.evwind.com/2013/04/22/eolica-vestas-no-fue-en-2012-el-mayor-fabricante-de-aerogeneradores/

La huella de carbono no es solo una medición, implica un juicio acerca de lo que está bien y lo que está mal, de lo que cada país debe hacer y promueve sanciones para los que no lo hagan. Quienes tengan la capacidad de reconvertir su aparato productivo, quienes hayan incorporado más conocimientos y agregado valor a sus procesos productivos serán beneficiados, y esos mismos países son los que producen las tecnologías para reconvertir la matriz energética a formas más limpias, quienes establecieron que la energía eólica es mejor que la térmica o la nuclear, tienen la capacidad de reconvertirse segregando a los países del tercer mundo que no lo logren, pero además, son esos los países que desarrollan y venden los aerogeneradores que se instalan en todo el mundo. Cuando se dice que la energía eólica es más rentable que la térmica, esto es especialmente cierto para los países fabricantes de aerogeneradores; de forma que el proceso de reconversión puede consolidar la dependencia tecnológica y retrasar el incipiente desarrollo industrial de muchos países del tercer mundo.

El último invento en huellas ecológicas lo constituye *la huella hídrica*[33], definida como el consumo de agua dulce que ocasionan los procesos de producción de bienes y servicios. Una verdadera joya de las barreras paraarancelarias con maquillaje ambiental. La huella hídrica es un concepto originado en Holanda –un país con poco territorio, que a duras penas ha dejado de perder territorio con el mar– y rápidamente promovido por grandes ONG europeas. La aplicación de esta nueva modalidad de huella ecológica puede llegar a la penalización, mediante sanciones comerciales hasta el cierre de mercados, a los países que consuman mucha agua con sus procesos productivos. Esto implica que países que disponen de mucha agua dulce –como la mayoría de los países de América– deberán racionar su uso, aunque

---

33 Hoekstra, A. (2010) *Globalización del agua. Compartir los recursos de agua dulce del planeta.* Marcial Pons Editores. España.

ello en realidad sea ambientalmente peor, ya que implicaría aumentar sensiblemente los gastos energéticos y costos de producción.

Veamos por ejemplo la pertinencia y los resultados de la aplicación de la huella hídrica a un país como Uruguay, que tiene gran cantidad de agua dulce –más del 99 % de las precipitaciones terminan en el mar–, con suelos fértiles y la mayoría del territorio cubierto por praderas. La principal actividad productiva del país es la ganadería extensiva. Uruguay tiene muchas más vacas que personas –un rodeo de más de 10 millones de vacas y menos de 4 millones de habitantes– y gracias a sus condiciones ambientales produce carne natural, animales alimentados en praderas –cada vaca tiene la superficie de un campo de futbol para pastar–, la carne de más alto valor en los mercados internacionales. Pero en esta condición seminatural, cada vaca consume a lo largo de su vida muchos miles de litros de agua –mucho más que en Holanda o cualquier país que desarrolle la ganadería intensiva– y al aplicarle la huella hídrica se le cerrarán mercados, y por lo tanto, para evitar ser sancionado, Uruguay debería producir carne consumiendo menos agua –cría intensiva, alimentando los animales a ración, con alto gasto de energía, como ocurre en los países europeos que compiten con Uruguay por los mercados de la carne–. Sin dudas, la forma ambientalmente más sustentable de producir carne en Uruguay es la forma en que lo hace, como lo viene haciendo desde hace dos siglos, sin haber provocado impactos ambientales significativos, pero la imposición de la huella hídrica tiene una finalidad comercial proteccionista y no ambiental.

La aplicación de la huella hídrica a la producción de ganado en Uruguay es tan razonable como inventar una *huella costera*, y sancionar a los países que produzcan en territorios ganados al mar, por ejemplo Holanda. Pero ocurre que el discurso ambiental lo elaboran unos y lo sufren otros.

Por último, en América Latina la gran mayoría de las ciudades vierte sus aguas cloacales sin un tratamiento adecuado, en los mismos ríos de los que se extrae agua para consumo humano. Uno de los resultados directos de esto es que más de 200 millones de personas en el continente no tienen acceso a agua potable. Este problema parece más urgente para nuestros intereses que reducir la huella hídrica del continente. Existen muchos ejemplos de globalización del discurso ambiental que resulta en perjuicios para los países más pobres –la lucha contra los transgénicos y los plaguicidas, las luchas contra las grandes fábricas y contra la minería, entre tantos otros–; lo que parece claro es que el análisis de los problemas ambientales debe ser local, en función de las condiciones ambientales particulares y no de generalizaciones.

EL ECOLOGISMO: UN DISCURSO MARGINAL PERO HEGEMÓNICO

Si bien las ideologías políticas constituyeron los grandes relatos de la modernidad, un nuevo tipo de ideologías «apolíticas» parece marcar el discurso social de la actualidad.

La pretensión de la falta de tabúes, la libre expresión de las individualidades, la celebración de la disidencia y la promoción entusiasta de las minorías es una característica del discurso social de esta época, y la hegemonía aporta las reglas de esa aparente libertad, las normas que ordenarán esa aparente disidencia, nos dirá qué minorías es más adecuado celebrar y qué discursos marginales son políticamente más correctos.

La promoción de la diversidad y la abolición de los tabúes es uno de los dogmas de nuestra época, pero se trata de una diversidad con una lógica fragmentaria, contraria a la formación de nuevas mayorías, la celebración de las minorías y su consolidación como eternas minorías, de forma que nunca pongan en riesgo la hegemonía.

ONG, empresas, medios, aparentemente y superficialmente todos distintos y a veces antagónicos, en realidad convergen en la construcción de un discurso hegemónico. El discurso ecologista se ensambla correctamente en esta lógica y se vuelve un engranaje más.

Y como parte de una hegemonía, el ecologismo es un discurso autoritario, que por ser periférico no necesita respetar las reglas que observa el resto de la sociedad. Un puñado de militantes esclarecidos puede cortar una ruta u ocupar una fábrica aunque el ordenamiento jurídico lo prohíba y los trabajadores se opongan.

Además, entre los acuerdos previos del discurso tiene un lugar destacado el diagnóstico de «crisis ambiental». Y en tiempos de crisis se puede recurrir a cierta dosis de autoritarismo y de intolerancia, no hay tiempo para la reflexión, solo para la acción. Así se va construyendo un discurso mesiánico.

El ecologismo es una de estas nuevas ideologías marginales y como tal, persigue una utopía que justifique sus acciones. Aquí la utopía consiste en «regresar a la naturaleza»; una utopía regresiva, no de construcción de un ambiente nuevo sino de regresar a uno pasado. Y como cualquier utopía constituye un ideal, un deseo. Se trata no solo de un deseo regresivo, sino además excluyente. Un ambiente sin mucha investigación científica y desarrollo de tecnologías, sin producción intensiva de alimentos, sin modificación genética no podrá albergar a 10 mil millones de personas, una naturaleza a la que no podremos regresar todos, una utopía para algunos[34].

Lo paradójico es que al mismo tiempo que el ecologismo aparece como un murmullo contestatario ante el discur-

---

34 Arias Maldonado, M. (2008). *Sueño y mentira del ecologismo. Naturaleza, sociedad, democracia.* Editorial Siglo XXI. España.

so avasallante de la voracidad capitalista, es en realidad útil a esa hegemonía que se sustenta en la diversidad/fragmentación, ya que no cuestiona la esencia de esa hegemonía. El discurso ecologista propone un repertorio de temas y debates, en apariencia abiertos, pero regulados rígidamente por acuerdos previos respecto a los contenidos y las formas. Propone un discurso con una estética contestataria, pero es solo su forma; en realidad establece *a priori* lo «no decible» y la hegemonía lo transforma en «no pensable» –por absurdo o por infame–[35]. ¿A quién se le puede ocurrir que la invención de plaguicidas es un gran avance de la ciencia, que por suerte hay un proceso de calentamiento global, que cuanto más residuos sólidos, mejor? O en un sentido aún más amplio ¿quién se cuestiona si una vida natural es algo bueno, o si en realidad preferimos vivir en un ambiente lo más artificial posible para estar protegidos de la naturaleza y poder contemplarla y acceder a ella desde el confort que nos brinda la tecnología?

Lo «no pensable» es tan terminante como los axiomas que sustentan el discurso: «el calentamiento global traerá desastres nunca vistos por el hombre, los plaguicidas extinguen especies y los transgénicos provocan cáncer». Una particularidad del ecologismo como discurso es que aún manteniéndose en la periferia ha permeado a todos los ámbitos de la sociedad. Nunca un componente contestatario del discurso social fue tan aceptado ni políticamente tan correcto, nunca un discurso social de apariencia marginal tuvo tanto *marketing* ni cobertura mediática.

Esta hegemonía no ocurre en abstracto, en el campo social se materializa en políticas, en decisiones que afectan a la vida de las personas, países del tercer mundo que destinan más recursos financieros y científicos a enfrentar el calentamiento global que a erradicar el hambre y la pobreza.

---

35 Angenot, M. (2010). *El Discurso social. Los límites históricos de lo pensable y lo decible*. Editorial Siglo XXI. 1ª edición, Bs.As. Argentina.

En la construcción de este discurso hegemónico intervienen factores económicos y culturales, pero también cierta dosis de pereza intelectual de la academia. El ámbito académico permite llevar al plano científico un discurso básicamente religioso sin mayores objeciones. La trampa académica o el uso de una institución con poder simbólico y prestigio social como la Universidad, consiste en presentar un discurso subjetivo como si respondiera a una constatación científica neutra. Debemos saber que la mente humana tiene especial propensión a hacer caso al anuncio de peligros y riesgos inminentes, es una adaptación evolutiva que nos permitió seguir vivos durante miles de años, y que hoy refuerza la aceptación y legitimidad de un discurso alarmista soportado en el miedo a un futuro incierto.

Pero este discurso también se repara y se reconstruye en forma permanente. El discurso ecologista global se renueva y pasa del debilitamiento de la capa de ozono al calentamiento global, pero su resultado en la construcción de un discurso/hecho social es básicamente el mismo: canaliza energías de cambio hacia un lugar donde no cambien nada.

Hay un lenguaje con unos términos, hay una estética –lo verde y lo natural–, hay temas que ocupan el discurso ambiental y posiciones acordadas de antemano: «La modificación genética es mala» –casi que «la modificación es mala»–. Así se va consolidando el discurso ecologista como hecho social –como ámbito de producción social del sentido–, lo que es necesariamente ideológico –aunque no sea político–, porque la producción de significados que lo alimentan es ideológica.

Rápidamente las grandes corporaciones respaldan el nuevo movimiento; desde la ONU hasta Al Gore, pasando por Coca-Cola o Benetton, ratifican los pronósticos del apocalipsis ambiental –y por lo general destinan algunos millones a su divulgación–. Se trata de un discurso que alerta sobre el fin del mundo pero no cuestiona las terribles desigualdades que matan de hambre a millones de personas cada año. Un discurso que en los hechos omite que si queremos resolver los grandes problemas ambientales, primero hay que resolver la pobreza, no solo por razones éticas, sino por la relación de causalidad que existe entre estos dos problemas del mundo moderno. Con su discurso de equidad y compromiso social, el ecologismo cuestiona el modelo de desarrollo actual solo en sus manifestaciones accesorias. Manifestaciones que incluso, en muchos casos, ni siquiera son inherentes a este modo de producción.

Con una retórica vaga respecto de la diversidad de vertientes que confluyen en las luchas sociales, y a la complejidad de la etapa histórica, etc.; en última instancia, el ecologismo es útil para desdibujar las desigualdades obscenas de la actualidad: canalicemos nuestras energías de transformación social en cosas que no transformen nada. Una forma de enfrentar un modo de producción injusto, que no lo cuestione en su esencia, que no se proponga la transformación de sus bases y su sustitución por un modo de producción y consumo sustancialmente diferente[36]. Una causa que pueden abrazar desde las multinacionales hasta las masas desposeídas, y así se consolida como un discurso útil al sistema que pretende enfrentar.

LA OPOSICIÓN COMO PRINCIPIO

Como todo discurso egocéntrico, el ecologismo se sustenta en el sentido de pertenencia —*nosotros*— a una especie de acuerdo previo respecto a la veracidad del problema. Y el propio discurso, en la medida en que se difunde, legitima y hace tangible la preexistencia de los problemas —el

---

36 Zizek, S. (2008). «Examined Life, Philososophy in the streets». Parte del documental. http://www.youtube.com/watch?v=00u4kUuU6rE

calentamiento global es tapa de periódicos casi todos los días, la basura casi nunca–. El resultado inmediato de esta autocomprobación de la veracidad del discurso es la segregación, el juicio y la exclusión de la disidencia, con distintos grados de xenofobia.

Se construyen pronósticos apocalípticos y se identifica al hombre como culpable. Se elabora una visión del mundo, una utopía y se desarrolla una escala de valores necesaria para su construcción. Y a partir de ahí, el discurso ecologista trasciende la ecología, constituye una «moral ecológica», extrapolable a todos los planos de la vida.

Y en la tentación de buscar un sentido, y un culpable, se mistifican problemas reales, presentando un desastre natural como un castigo; supone que el mundo es un equilibrio y la voracidad humana lo está destruyendo, sitúa al hombre fuera de esa naturaleza equilibrada. Pero la realidad es que la naturaleza no está en equilibrio y además el hombre está adentro. Como dijimos, la historia de nuestro planeta es una gran serie de catástrofes y sin ellas no estaríamos aquí.

Ante cada nuevo avance científico, el ecologismo nos advierte «no modifiques el ADN», «no manipules los genes», «no rompas el equilibrio». La reacción al cambio es una de las características ideológicas del ecologismo y de su discurso. La gran paradoja de esta ideología es que su estrategia conspira contra sus fines. Las estrategias con que contamos para enfrentar desastres ambientales, sean naturales o no, en una población mundial que crece en forma sostenida, se soportan en el cambio y la innovación, no en la conservación. El renegar de las herramientas tecnológicas con un discurso *New Age* para proponer volver a la naturaleza, solo nos hace más vulnerables a esas catástrofes que nos angustian.

Si de lo que se trata es de no cuestionar un modo de producción, sino de resolver los problemas ambientales propios del desarrollo humano, la tecnología no es el pecado, es la salvación. Es con mucho desarrollo científico, con investigación, con educación, con inversión en tecnología, que debemos enfrentar los problemas ambientales.

Oponerse a la construcción de una represa hidroeléctrica o a un puerto de aguas profundas suelen ser esfuerzos testimoniales que hacen sentir muy bien a los militantes, pero que no inciden para nada en las emisiones, los consumos o los riesgos ambientales. El objeto de preocupación y de análisis del movimiento ecologista debería ser estos aspectos ambientales; cómo asegurar que la represa o el puerto no provoquen emisiones o riesgos ambientales inadmisibles; mejorar los estudios y controles ambientales, lograr que se investigue e invierta en gestión ambiental para asegurar un desempeño cada vez mejor de los proyectos, para lo cual la tecnología sería uno de sus mejores aliados.

Y si los motivos para oponerse, por ejemplo, a la construcción de un puerto de aguas profundas son sociales y no ambientales, lo que debemos reclamar en América Latina, muy por el contrario, es que el puerto se haga y que por él salgan productos terminados y no materias primas, que si tenemos yacimientos de hierro exportemos autos y no piedras, que se desarrolle una pujante industria nacional, que genere empleos de calidad, que agregue valor a nuestros recursos. Y aquí con más razón requerimos de mucha tecnología para hacer las cosas bien y no hipotecar el ambiente que tanto preocupa. Esto redundará en una mejora de las condiciones ambientales de cada país. Sea para obtener el mayor beneficio social o para la preservación ambiental, la ciencia y la tecnología al servicio de la gestión ambiental son una mejor estrategia que el anuncio del diluvio universal.

Un discurso verdaderamente ecologista debería ser básicamente tecnológico y artificializante. Si nosotros somos parte de la naturaleza, nuestros residuos sólidos y efluentes líquidos también lo son. Nuestras emisiones son inherentes a nuestra vinculación con el ambiente, son parte de las imperfecciones que nos caracterizan como seres vivos, de nuestra naturaleza y no deben ser objeto de culpa o vergüenza.

Paradójicamente, el discurso ecologista ha sido especialmente intolerante con la disidencia, con quien dude de los pronósticos apocalípticos, pero simultáneamente desconfía de la ciencia y la tecnología como herramienta para enfrentar los problemas ambientales, desconfía de la institucionalidad y la política como ámbito para dirimir los conflictos ambientales. Y este discurso ha permeado al pensamiento científico, donde gran parte de la comunidad académica, que en los temas ambientales dejó de celebrar la disidencia y comenzó a censurarla, entiende «la duda» como un cuestionamiento incómodo y no como la chispa que enciende el motor de los descubrimientos.

Pero las rupturas innovadoras que horadan la hegemonía ocurren, gusten o no. Son el resultado de procesos complejos, de concatenación de hechos –casi nunca producto de la genialidad individual–. Y por fin estas rupturas adquieren credibilidad, se consolidan, y particularmente en América del Sur está comenzando a ocurrir una ruptura con ese discurso. Está surgiendo un nuevo discurso ambiental.

Como el discurso ecologista no se desarrolló con base en los problemas locales y desde sus orígenes estuvo marcado por un sesgo ideológico –lo que no se identificó como un problema mientras había ámbitos de coincidencia importantes que lo legitimaban ante actores locales–, ese mismo divorcio de las condiciones concretas de cada país hizo que, al cambiar drásticamente la realidad en Europa –por la crisis económica– y en América –por el ascenso al gobierno de los sectores políticos que históricamente constituyeron su principal aliado local–, el discurso ecologista perdiera legitimidad y sentido, y en muchos casos fuera directamente en contra de los intereses de la sociedad.

3. UN FANTASMA DE COLOR VERDE
RECORRE AMÉRICA LATINA

En América muchas cosas están cambiando, no solo el comportamiento de los indicadores económicos, también el discurso político está contribuyendo a configurar un nuevo escenario ambiental. La primera década del nuevo milenio se cerró con 10 presidentes autodefinidos de izquierda ejerciendo el gobierno simultáneamente, a lo largo del continente. Y estos gobernantes mantuvieron hacia el movimiento ecologista un discurso más confrontativo que todos sus predecesores[37].

Si bien es muy temprano para caracterizar este nuevo discurso ambiental que recién comienza a manifestarse, parece proponer una nueva racionalidad ambiental, que busca equilibrar la promoción de inversiones para satisfacer las necesidades inmediatas de la población, con la preservación de los recursos para las futuras generaciones.

Desde el inicio de su gestión, muchos de estos gobiernos se encontraron con una avalancha de enormes proyectos de inversión, tan atractivos como cuestionados, y dentro de su autodenominación de izquierdas intentaron administrarlos, sin convencer a ecologistas ni a desarrollistas. La mayoría han intentado ser protagonistas en los procesos extractivos, nacionalizando incluso los recursos naturales, pero este proceso de retorno de los recursos al ámbito nacional muchas veces no es acompañado por el fortalecimiento de las instituciones del Estado ni de las herramientas legales para la gestión ambiental.

---

37 Evo Morales y Rafael Correa enfrentados a los ecologistas http://www.lostiempos.com/diario/actualidad/nacional/20131004/evo-y-correa-apuntan-contra-los-ecologistas_230523_498902.html

Terminó una década de gobiernos de corte reformista enfrentados abiertamente a la inconsistencia práctica del discurso ecologista conservador, pero sin alinearse con las grandes empresas multinacionales que no han mostrado nunca preocupación por la sostenibilidad ambiental. Este enfoque pragmático que pretende equilibrar los elementos subjetivos y objetivos, que aborda frontalmente la contradicción entre promoción de inversiones y preservación ambiental, comienza a delinear una nueva forma de gestión ambiental en América Latina.

Históricamente, los conflictos ambientales en la región eran protagonizados por empresas multinacionales y comunidades locales, con bastante indiferencia de los gobiernos de turno que se bandeaban entre los votos de su electorado y la necesidad de captar inversiones para el país. Pero esa realidad está cambiando y hoy los gobiernos intentan ser protagonistas de los procesos productivos, lo que los transforma en una parte activa del conflicto.

Veamos algunos ejemplos totalmente distintos pero que coinciden en un nuevo abordaje de los problemas ambientales.

DE REPÚBLICA BANANERA A REPÚBLICA SOBERANA

En la década de 1990, algunas ONG en representación de comunidades de campesinos ecuatorianos denunciaron el derrame de millones de litros de petróleo en la selva amazónica por parte de la empresa Texaco –luego absorbida por Chevron–. Pero la demanda de las ONG no fue respaldada por el gobierno ecuatoriano de entonces, incluso la empresa pidió que el juicio se dirimiera en los tribunales ecuatorianos y no en los EE. UU., convencida de que los niveles de dependencia política y corrupción que caracterizaban a ese gobierno suramericano le facilitarían un resultado favorable.

Pero finalmente el tiro les salió por la culata y en 2011, ya en el gobierno de Rafael Correa, un juez ecuatoriano condenó a Chevron a pagar cerca de 20 mil millones de dólares al Estado ecuatoriano. Y si bien la empresa sigue apelando e intenta trasladar a empresas operadoras locales la responsabilidad de los daños generados, todo indica que terminarán pagando.

Pero mientras lidera el juicio contra Chevron, a Rafael Correa le toca gobernar un país de más de 15 millones de personas, de las cuales la cuarta parte no tiene agua potable ni recolección de residuos y cerca de la mitad no tiene servicio de alcantarillado, así que no ha tenido dudas en promover las actividades extractivas que generen ingresos al Estado.

El anuncio de la empresa estatal Petroamazonas de que explotará tres campos petroleros en la selva amazónica, dentro del parque nacional Yasuní, una de las áreas protegidas con mayor biodiversidad del mundo, con una superficie de 982 mil hectáreas y que tiene en su subsuelo una reserva de más de 800 millones de barriles, ha provocado un nuevo conflicto con el movimiento ecologista. Y la alarma no es trivial, porque lo de Chevron no es un hecho aislado, la explotación petrolera que se practica en Ecuador desde hace poco más de 40 años –y particularmente en la Amazonia, de donde se extrae el 90 % del petróleo ecuatoriano y ocupa la mitad de su territorio– ha provocado impactos terribles sobre el ambiente y las personas, como la apertura de uno de los frentes de deforestación de selva más importantes de mundo, la deportación –con la complicidad activa de congregaciones religiosas– de comunidades enteras de las naciones de la selva, la contaminación química de cuerpos de agua, la caza de especies en peligro de extinción, entre muchos otros.

Ante los reclamos de grandes ONG multinacionales, gobiernos europeos y organismos de ONU para que no se realice la extracción petrolera en este parque –que convenientemente fue declarado Reserva de Biósfera por UNESCO–, el gobierno ecuatoriano propuso a la comunidad internacional que estos 800 millones de barriles pasaran a ser propiedad de la humanidad y que no se extrajeran. Que los países ricos preocupados por las emisiones de CO_2 a la atmósfera se hicieran cargo del lucro cesante que la no extracción implica. Ya que la reserva de biósfera es mundial y su biodiversidad es patrimonio de toda la humanidad –pero el parque está dentro del territorio ecuatoriano–, los costos de su conservación se deberían repartir equitativamente. No se trataba de una ironía o una provocación; la Iniciativa Yasuní-ITT impulsada activamente por el gobierno ecuatoriano, responde a una propuesta político-filosófica de contenido profundamente solidario. Esta propuesta política liderada por el propio presidente Correa, que se ha divulgado internacionalmente como el «Buen vivir»[38] –como antítesis de la Sociedad de Consumo– tiene hondas implicaciones en la gestión de los recursos naturales y se se hace tangible en el Plan Nacional del Buen Vivir[39] (PNBV), que incluye conceptos como «el bien común mundial», en el que se sustenta la Iniciativa Yasuní-ITT.

El PNBV considera el territorio como producto de identidades y proyectos múltiples coexistiendo en un espacio común. Es contrario a la lógica del ordenamiento territorial (que analizamos en el capítulo anterior), que simplifica el territorio inventando una identidad única y excluyente, a veces económica, a veces ecológica.

Pero, obviamente, los países que exigen a Ecuador que no extraiga petróleo del parque no están dispuestos a hacerse

---

38　El Buen Vivir es la traducción de una idea de origen quechua que hace referencia a lograr una vida digna y plena, en lo individual y en lo colectivo, como condición superior a la satisfacción de necesidades materiales.

39　El Plan Nacional del Buen Vivir tiene en Ecuador rango constitucional mediante varios artículos totalmente innovadores para cualquier Constitución, por ejemplo, "Los servicios ambientales no son susceptibles de apropiación", art. 74.

cargo de ningún costo. Por supuesto que esta preocupación ecológica de los gobiernos del primer mundo no es de ida y vuelta: imaginemos a los gobiernos de Ecuador o Bolivia exigiendo a Francia o Alemania que no sigan instalando centrales nucleares en esa zona de Europa, ya que está densamente poblada y eso aumenta los riesgos para las personas –ya llevan docenas de centrales nucleares y no le han preguntado a nadie.

Vale aclarar que la explotación petrolera proyectada por el gobierno ecuatoriano afectará aproximadamente el 1 % del parque Yasuní, y que la extracción petrolera bien hecha es una actividad que implica menos impactos ambientales que el turismo –por más que lo llamen *eco*.

A partir de la experiencia con Chevron, el gobierno ecuatoriano ha hecho explícitas tres condiciones innegociables para cualquier gran proyecto extractivo:

- No a la precarización laboral.
- Política fiscal y financiera transparente.
- Los más altos estándares ambientales del mundo.

Así que la consigna ecologista «No al petróleo: salvemos el Yasuní» parece exagerada. Trayéndola a la realidad, la consigna de Greenpeace debería decir «No toquemos el 1 % del Yasuní, aunque el gobierno pueda haber aprendido la lección histórica y extraiga el petróleo sin contaminar siquiera ese 1 % y aunque esos recursos puedan sacar de la pobreza a millones de ecuatorianos». Claro que es una consigna demasiado larga y no cumple con la condición de simplificar la realidad.

Aunque el presidente Correa no ha engañado a nadie y su discurso político siempre ha estado en esta línea: «El respeto a la naturaleza y la participación social son características del socialismo del siglo XXI, sin embargo hay excesos y fundamentalismos que harían fracasar cualquier proyecto político»[40], durante décadas la izquierda de América Latina respaldó incondicional e irresponsablemente todos los reclamos ecologistas, pero la luna de miel se terminó con su ascenso al gobierno en representación de sectores largamente postergados, y al tener que asumir tareas urgentes como reducir la pobreza y resolver las necesidades básicas de la población.

Resumiendo este primer ejemplo, el presidente de Ecuador que enfrenta a grupos ecologistas que se oponen a la explotación petrolera en la selva amazónica[41] denuncia su rol reaccionario –sabiendo la ascendencia que estos tienen sobre algunos sectores del electorado y el costo político que ello puede implicar– y simultáneamente lidera el juicio por contaminación más importante de la historia de América Latina, contra la petrolera Chevron. Su postura se puede resumir en que hay que extraer el petróleo y mejorar la calidad de vida de las personas, pero hay que hacerlo sin contaminar. Una vez más, el tema no es si extraer o no, es cómo extraer para no provocar impactos ambientales y para dejar el mejor rédito económico y social en las comunidades y en las futuras generaciones.

EL CUENTO DEL PASTOR MENTIROSO

Desde esa misma década de crecimiento, Uruguay vivió el conflicto ambiental más importante de su Historia. Un conflicto binacional por la instalación de una megaplanta de producción de celulosa enfrentó a este pequeño país con su vecino, la República Argentina, hasta llegar al

---

40 El discurso de Rafael Correa al asumir su tercer mandato se puede leer en este enlace: http://www.revistavive.com/index.php/entretenimiento/television/18-lo-mas-destacado/362-pensamiento-ambientaistal-de-rafael-correa

41 Rafael Correa enfrentado a los ecologistas por extracción de petróleo en el parque Yasuní: http://www.latercera.com/noticia/mundo/2013/08/678-538139-9-gobierno-de-ecuador-se-enfrenta-a-ecologistas-e-indigenas-por-explotacion-de.shtml

tribunal internacional de La Haya. Un conflicto que provocó el cierre de las fronteras, el corte permanente de puentes, el despliegue de fuerzas de seguridad, el bloqueo económico de la actividad portuaria, incluso el presidente uruguayo Tabaré Vázquez reconoció haber evaluado seriamente el escenario de un conflicto bélico.

La fábrica que entonces era propiedad de la finlandesa Botnia, ubicada en la margen uruguaya del río Uruguay, cuenta desde su instalación en el año 2005 con las mejores tecnologías ambientales disponibles, sin perjuicio de lo cual desde entonces el conflicto fue ininterrumpido. Ambos países tienen fábricas con tecnologías obsoletas en esa cuenca, ciudades de ambas márgenes descargan al río Uruguay sus efluentes cloacales sin tratamiento, las malas prácticas agrícolas provocan arrastre de sedimentos y agroquímicos hacia el cauce del río, entre otros daños causados por las actividades humanas de Argentina y Uruguay; sin embargo, estos problemas no son objeto de ningún conflicto ambiental. Desde el inicio, las baterías del discurso ecologista apuntaron a Botnia, desconociendo una inmensidad de problemas ambientales locales y reales, en ocasiones manipulando la percepción de los riesgos hasta generar miedo y angustia en las comunidades locales[42].

Es claro que las verdaderas causas del conflicto fueron fundamentalmente económicas; por ejemplo, el gobierno argentino de entonces veía con preocupación que grandes inversiones eligieran Uruguay como destino, o empresas multinacionales de la cadena industrial forestal-celulosa promovían la intensificación del conflicto para afectar a su competencia, incluso algunos actores sociales y políticos lo que criticaban era un modelo de producción en el que se desarrollan monocultivos intensivos de árboles, para producir pasta

42 Latchinian, A. (2011). «Plantas de celulosa sobre el río Uruguay». En: *Globotomía. Del ambientalismo mediático a la burocracia ambiental*. Venezuela, Editorial Puntocero, pp. 226 a 240.

de celulosa, exportarla y luego importar papel, dejando en el país los suelos degradados. Pero la oposición al proyecto no se soportó en estos argumentos: la contaminación que la fábrica provocaría en el río Uruguay fue la excusa elegida para desarrollar el discurso, y el movimiento ecologista –desde organizaciones locales hasta Greenpeace– fue el portavoz. Se anunciaron los desastres ambientales más variados, pero la planta lleva una década de trabajo sin mayores sobresaltos.

El conflicto se estructuró sobre el riesgo de contaminación del río Uruguay[43], un curso de agua administrado conjuntamente por ambos países, y diferentes actores sociales, académicos y políticos proponían incluso el desconocimiento de la legislación nacional e internacional como forma de resolver el conflicto[44].

El discurso ecologista era «No a Botnia», lo que condenaba al fracaso los reclamos legítimos de la comunidad local del lado argentino del río Uruguay. Y estos reclamos existían, un destino turístico natural con apacibles playas de río ahora tenía una enorme fábrica en la orilla de enfrente. Tal vez hubiera alcanzado con negociar antes de la instalación que la fábrica se ubicara a algunos cientos de metros de la costa, de forma que no se viera desde la orilla de enfrente, manteniendo sus tomas de agua y emisarios de efluentes en el mismo sitio –la calidad de los vertidos ha demostrado estar siempre dentro de los límites legales–. Pero el discurso extremo e intolerante dinamitó cualquier posibilidad de negociación, sobre todo porque al estar la fábrica ubicada en otro país, su instalación en otro sitio requería de la buena

---

[43] En la misma zona de Argentina existen fábricas de celulosa con tecnologías de hace 50 años. Como demostró el tiempo, los efluentes de la fábrica conflictiva son mucho menos contaminantes que los ejemplos mencionados.

[44] «…el uso de medidas de reclamo formalmente ilegales aunque legítimas para el planteo de la demanda ante el Estado uruguayo». Merlinsky, G. et al. (2013). *Cartografías del conflicto ambiental en Argentina*. Ediciones Ciccus. Argentina. Ante esta afirmación –que sintetiza la postura dominante en Argentina– cabe preguntarse ¿qué es lo que da legitimidad al reclamo, si no tiene respaldo legal, ni la aceptación de las autoridades locales, ni conclusiones científicas?

voluntad del gobierno uruguayo. Este reclamo de reubicación recién apareció cuando la planta ya se había construido.

Mientras enfrentaba un discurso aparentemente conservacionista del gobierno argentino de entonces y de los movimientos ecologistas de ambos países, el gobierno de Uruguay desarrolló todos los controles ambientales necesarios para asegurar el buen desempeño ambiental de la fábrica en cuestión, sancionándola ante cada desvío constatado[45]. A lo largo de los años, la fábrica se fue consolidando como una industria limpia y moderna, desbaratando los argumentos ecologistas que pronosticaban la muerte del río Uruguay.

El primer perjuicio de estructurar el discurso opositor en torno a denuncias infundadas de contaminación, es que cuando la empresa demuestra que su funcionamiento es ambientalmente adecuado se desarticula toda la oposición que podía tener argumentos verdaderamente serios. Por ejemplo, que la superficie forestada en el país crece a un ritmo de 40 mil hectáreas por año, desplazando a la ganadería y cultivos tradicionales, siendo una actividad mucho más exigente y menos sostenible para los suelos, o el hecho de exportar materia prima en lugar de desarrollar la industria del papel, ya que lo más difícil es contar con bosques para sostener a las fábricas de pasta de celulosa.

En el año 2011 comenzó la construcción de una nueva planta de producción de celulosa mucho más grande que la anterior, perteneciente originalmente al grupo español Ence, ubicada 130 km aguas abajo de la primera.

Durante su construcción, que coincidió con el periodo más oscuro de la crisis europea, la nueva planta de producción de celulosa de Ence ya tuvo problemas ambientales verdaderamente serios, mayores a los experimentados por Botnia en una década, por lo que cualquiera hubiera esperado la ampliación

---

45 Latchinian, A. (2011). «Plantas de celulosa sobre el río Uruguay». En: *Globotomía. Del ambientalismo mediático a la burocracia ambiental.* Editorial Puntocero. Venezuela.

y profundización del conflicto hacia la nueva amenaza –en este caso más justificable.

Pero esta nueva fábrica que muestra importantes fallas en la planificación y gestión ambiental no ha despertado ninguna aprehensión ni reclamo por parte del movimiento ecologista. De hecho, la ciudadanía no se enteró de fallas estructurales en su planta de tratamiento de efluentes o de otros riesgos asociados al desempeño ambiental de la nueva megafábrica. La desinformación ciudadana no se debió a ocultamiento, sino al cansancio y escepticismo provocado por la reiteración de anuncios truculentos acerca de los terribles desastres ambientales que la fábrica anterior provocaría. Los medios, los gobiernos y otros actores siguen anclados en el conflicto binacional por la fábrica finlandesa, un conflicto que periódicamente es atizado para ocultar convenientemente algún escándalo político –por aquella estrategia siempre útil de «pan y circo».

Al movimiento ecologista sureño le está ocurriendo como al pastor mentiroso del cuento infantil, que de tanto avisar falsamente la llegada del lobo, cuando este realmente llegó nadie le creyó. Al desarrollar un discurso exclusivamente ideológico, sin sustento científico, definiendo los temas ambientales como un argumento subjetivo, como un juicio de valor y no como resultado de constataciones objetivas, el daño provocado trasciende incluso la demagogia y la manipulación de la opinión pública, el mayor perjuicio es el escepticismo y la deslegitimación de los controles sociales.

Cuando los argumentos ambientales se alejan de las ciencias objetivas, cuando no se pueden expresar en miligramos por litro o en partes por millón, es muy probable que nos alejemos de la solución de los problemas reales y que el discurso ambiental naufrague en los mares de la ética y la moral. No podemos desconocer que los resultados de las ciencias sociales siempre son más imprecisos, siempre están más expuestos al engaño –y al autoengaño–[46] de los sesgos religiosos e ideológicos. Por eso el gobierno de Uruguay ha rehuido durante una década las discusiones políticas e ideológicas en este tema y se ha mantenido en una posición tan antipática como firme, discutiendo acerca de concentración de nitrógeno y fósforo, acerca del diseño de muestreo y del funcionamiento de la planta de tratamiento, y nunca acerca de si la Pachamama está llorando.

OUTRO DESENVOLVIMENTO É POSSÍVEL

Grandes represas, carreteras, monocultivos en zonas de selva, explotación de petróleo en el mar, entre muchos otros proyectos a lo largo de todo Brasil, hicieron que el movimiento ecologista se sintiera traicionado por el ex presidente Luiz Inácio Lula da Silva. Uno de los hitos de este desamor fue el alejamiento de su emblemática ministra del Ambiente, Marina Silva, una de las militantes ecologistas más famosas del mundo. Las denuncias y reclamos ecologistas respondían a una realidad dramática: desde la tala de bosques, la desertificación y tráfico de especies hasta el asesinato de campesinos siguen siendo un problema real en Brasil. Por supuesto que estos problemas no se iniciaron con el gobierno del PT, tampoco se agravaron, pero la expectativa del movimiento ecologista era de un enfrentamiento más enérgico.

Lula asumió la presidencia de Brasil en el 2003, al inicio de la década de crecimiento económico en el continente, y desde entonces se fue ganando el rechazo cada vez más beligerante del movimiento ecologista, que tal vez llegó a sus niveles más mediáticos con el proyecto hidroeléctrico Belo Monte, la tercera represa más grande del mundo, en plena Amazonia. Un proyecto que tiene varias décadas pero que

---

46   Trivers, R. (2013). *La insensatez de los necios. La lógica del engaño y el autoengaño en la vida humana*. Katz Editores. Argentina. «El autoengaño en las Ciencias sociales» pp. 318-335.

Lula promovió decididamente y autorizó, dejando la concreción de las obras al gobierno de Dilma Rousseff.

Sobre el río Xingú, en el estado de Pará, en una zona de gran biodiversidad donde viven desde hace miles de años varias etnias nativas —incluso se sospecha que en ese enorme municipio habitan algunos grupos nunca contactados—, serán inundados miles de kilómetros cuadrados de selva inexplorada. El tema no es menor.

Desde Greenpeace hasta Sting y James Cameron (en una magistral operación de *marketing* para su película *Avatar*) cerraron filas contra el proyecto hidroeléctrico. Pero es justo decir que además de los activistas de Hollywood existe una legítima oposición de miles de indígenas de la zona.

Ahora veamos quién fue este presidente traidor de los ecologistas. Seguramente el gobernante de extracción más humilde de todo el continente, Lula vivió la pobreza y el hambre en carne propia. Criado por su madre junto a siete hermanos, alguno de los cuales murió de hambre, tuvo una vida extremadamente dura, analfabeto durante toda su infancia, fue trabajador desde los 12 años, desempleado y obrero metalúrgico. Conoce los problemas de Brasil no porque se los hayan contado, no es casual que su programa *Hambre cero* sea ejemplo en el mundo y haya alcanzado resultados espectaculares, sacando del hambre a 40 millones de brasileros. Es cierto que Lula encontró a un Brasil pujante, exportando como nunca, pero también es cierto que el crecimiento no necesariamente implica redistribución ni equidad.

En la futura represa, donde otros ven problemas para la selva y los pueblos originarios, Lula ve generación de energía eléctrica para 20 millones de brasileños. ¿Qué priorizar, la biodiversidad o las necesidades básicas de la población?, ¿miles de indígenas que son los legítimos dueños de esa región o millones de brasileños pobres que no tienen acceso a energía eléctrica? La respuesta políticamente más correcta, pero operativamente más inútil es: «todo; debemos generar energía para todos pero preservando nuestros ríos en su estado original». Otra respuesta igualmente tonta es «debemos cambiar nuestro hábitos de consumo y así la energía eléctrica alcanzará para todos y no será necesario construir una nueva represa». La gestión ambiental, entendida como administración del ambiente, implica la toma de decisiones en un contexto de necesidades urgentes y recursos limitados. Y muchas de las respuestas que da el movimiento ecologista no soportan el menor análisis de costo-beneficio, similar a proponer la agricultura orgánica como alternativa al uso de agroquímicos, o andar más en bicicletas para reducir el cambio climático. Son medidas muy agradables hasta que hacemos un análisis racional de su aplicabilidad.

Hay dos elementos no menores en este megaproyecto hidroeléctrico del gobierno de Brasil:

- Se pretende dar un salto cualitativo en la amplitud de la matriz energética del país, con base en la generación hidroeléctrica, una de las formas más limpias y renovables. No podemos obviar que la alternativa para abastecer a 20 millones de nuevos usuarios no son paneles solares o aerogeneradores, sino centrales térmicas o nucleares.
- La empresa a la que se le concede este proyecto es mayoritariamente estatal –como ha hecho Brasil con los combustibles, la minería u otros recursos estratégicos–, de forma que el Estado tenga control sobre los costos y los beneficios del proyecto. Los recientes y escandalosos casos de corrupción en Petrobras ratifican esto. La corrupción existe, pero también el castigo.

Gracias a la experiencia de Brasil, por primera vez en América se empieza a dar una respuesta práctica a esta aparente dicotomía entre *conservación* y *uso*, y la respuesta son los resultados. Las críticas a las políticas ambientales del gobierno de Lula suelen ser sectoriales, sin un análisis global ni una proyección en el tiempo.

En primer lugar, es necesario contextualizar la gestión ambiental de Brasil. Es necesario saber que los resultados del gobierno de Lula fueron históricos, no solo desde el punto de vista económico sino también social. El que hace algunas décadas era uno de los países más pobres de América del Sur, hoy es una potencia mundial, que redujo el hambre y la pobreza de forma drástica, y que hoy tiene una tasa de desempleo inferior al 10 %. El país que hace algunas décadas tenía los niveles de analfabetismo más altos de América del Sur, hoy obtiene los mejores resultados educativos del continente, con políticas efectivas de inclusión de los más pobres en el sistema educativo, y simultáneamente lidera los procesos de alta especialización profesional con miles de estudiantes becados en las mejores universidades del mundo. Es un hecho llamativo que las protestas multitudinarias para sacar a la presidenta Dilma Rousseff del gobierno fueron protagonizadas por millones de personas con sus necesidades básicas resueltas, personas a las que los gobiernos del PT ayudaron en su ascenso social, y que legítimamente no estaban dispuestas a tolerar que las mejoras se detuvieran por el fin del crecimiento económico. La corrupción en Petrobras fue el catalizador pero no la causa, esa misma corrupción existía durante los gobiernos de Lula y a nadie se le ocurría pedirle la renuncia.

Podríamos enumerar una larga lista de logros sociales, pero lo verdaderamente digno de análisis, lo innovador, es que esos logros no se obtuvieron a expensas del deterioro ambiental; por el contrario, se obtuvieron en simultáneo con una mejora de los resultados ambientales. Por ejemplo, en el mismo periodo se redujo significativamente la tasa de deforestación de la selva, no tanto como exigía el movimiento ecologista, pero *uso* y *conservación* avanzaron simultáneamente, dejaron de ser antagónicos; esa es la nueva señal a la que debemos prestar atención.

Si bien la reducción en la tasa de deforestación es apenas una tímida señal en la búsqueda de satisfacer las necesidades básicas de la población con una explotación racional de los recursos naturales por parte del Estado –y nada garantiza que no vuelva a ser negativa en el futuro–; el gran cambio en la gestión de la selva amazónica estará asociado a la planificación estratégica del desarrollo, a dar respuesta en forma sostenible a la contradicción entre *uso* y *conservación*. Para eso el desafío sigue siendo usar la selva sin sustitución de ecosistemas. Pese a su apariencia, los suelos del sotobosque amazónico son muy pobres y con muy poca capacidad de recuperación, por lo que la selva cortada no se regenera fácilmente. De esta forma, la tala de árboles para madera, para papel o para pastoreo se parece más a un uso extractivo que a un cultivo, ya que no se usará dos veces el mismo sitio. Pero estos ecosistemas selváticos de alta complejidad tienen una productividad natural muy superior a los sistemas de cultivo. Por ejemplo, una hectárea de selva produce muchos más alimentos, y de mayor valor comercial, que esa misma hectárea utilizada para ganadería –por la pobreza del suelo deforestado y la insostenibilidad del proceso–. Así que el desafío de gestión ambiental de la selva amazónica es su uso racional, con un enfoque no extractivo, cosechando solo la rentabilidad que produce ese capital natural y asegurando la sostenibilidad.

Este enfoque pragmático e institucional de la gestión ambiental, ejemplificado con los casos de Brasil, Ecuador y Uruguay, es cada vez más frecuente en todo el continente, donde los aspectos subjetivos y objetivos tienden a equilibrarse en la toma de decisiones. Y esto es posible no solo por los gobiernos, sino que los temas ambientales se están transformando en asuntos de Estado, trascendiendo a los partidos que ocupan el gobierno y de esta forma, fortaleciendo la institucionalidad ambiental. Todo ello permitirá canalizar los esfuerzos de control por parte de una ciudadanía vigilante y cada vez más exigente del buen desempeño ambiental y un sector industrial sensible a esa presión social.

Si bien se trata de ejemplos recientes aún en desarrollo –lo que no facilita tener una visión en perspectiva y que por lo tanto despiertan pasiones y posiciones antagónicas–, en la medida en que las organizaciones sociales, el sistema educativo, la academia y otros actores logren extraer y sistematizar las enseñanzas de estos casos –con todos sus errores y complejidades–, se irá construyendo un nuevo discurso ambiental, pero no con base en la contradicción irreconciliable entre el hombre y la naturaleza, sino en el papel del hombre como parte y constructor del ambiente. Hay señales de que ese discurso, como hecho social, es posible.

ALGUNOS RIESGOS DEL NUEVO DISCURSO AMBIENTAL

No hay dudas de que durante 3 o 4 décadas se desarrolló en América un discurso ecologista elaborado en los países centrales, pero que adquirió una identidad propia. Si bien se trató de un movimiento organizado y con raíces profundas, su gravitación política ha venido descendiendo en la medida en que los gobiernos internalizan los temas ambientales y quitan espacio al ecologismo. Sin perjuicio de las audaces denuncias que realiza acerca de muchos desastres ambientales y de su compromiso militante, algunos de los rasgos negativos distintivos de este ecologismo vernáculo se pueden resumir de la siguiente forma:

–   El carácter sincrético de su raíz histórica más profunda, como síntesis del pensamiento mágico latinoamericano y el catolicismo del viejo mundo.

- La canalización de la energía y las expectativas de un sector socialmente inquieto de la población durante las últimas décadas del siglo pasado, principalmente debido a que el *socialismo real* dejó de ser una utopía atractiva para una gran masa de jóvenes, preocupados por los desastres y las inequidades del capitalismo.
- Un discurso éticamente correcto y de apariencia revolucionaria, que se insertaba cómodamente en el discurso hegemónico de la sociedad, en ámbitos políticos, económicos y científicos.
- El pronóstico —más ideológico que científico— de una crisis ambiental inminente, que no admite dudas, que habilita su autoritarismo, que denosta la disidencia y considera frívola la legislación ambiental.
- La utopía de retorno a la naturaleza. Una utopía regresiva y excluyente, que se sustenta en un malthusianismo conservador y persigue un mundo natural —en el que lamentablemente no hay lugar para 7 mil millones de personas—, que solo existe en interpretaciones ingenuas de las imágenes bíblicas. Brailovsky lo explica de forma muy didáctica con relación al mandato de Dios respecto al diluvio universal: «Noé no lo sabe y la ciencia tardará mucho en descubrirlo, pero los pastores de ovejas necesitan de los lobos. En tierras áridas y semiáridas, la principal limitante a la cría de ganado no son los lobos, sino la escasez de pastos. En esas zonas hay abundancia de roedores que compiten con las ovejas por los pocos pastos existentes. Los lobos comen algunas ovejas pero sobre todo comen roedores, dejando el pasto libre para el ganado. Por eso, la misión de Noé

no fue establecer un inmenso jardín o un campo de pastoreo, sino reconstruir la naturaleza en toda su diversidad»[47].

– Por último, su posición beligerante y aparentemente antisistema, su resistencia a ser cómplice de los contaminadores, que lo margina de los procesos reales de toma de decisiones y de gestión ambiental, que lo vuelve tan impoluto como inútil.

Pero como dijimos, hay evidencias del surgimiento de un nuevo discurso ambiental en varios países del continente, que comienzan a pensar y gestionar los temas ambientales con un enfoque pragmático, entendiendo que la gestión ambiental necesariamente debe ser concreta, objetiva, tangible, y que es en ese nivel donde se la debe abordar para llegar a soluciones útiles, ya que cuando el discurso ambiental se vuelve abstracto y genérico nos alejamos de las soluciones. Como vimos en los ejemplos anteriores, varios gobiernos de la región tienden a ocupar el espacio social que habitaba el ecologismo, relegándolo a un lugar puramente testimonial.

En la medida en que los movimientos de izquierda del continente fueron accediendo al gobierno y se vieron obligados a administrar la realidad que históricamente cuestionaron, para lo que debieron emplear herramientas muy parecidas a las usadas por gobiernos anteriores, formalizaron e incorporaron a la institucionalidad los temas que antes eran parte de ese discurso antisistema, y así el discurso ecologista en América Latina comienza a debilitarse.

Pero este nuevo discurso ambiental, caracterizado por el pragmatismo y el abordaje de problemas urgentes, se sustenta fuertemente en su legitimidad social, por lo que enfrenta riesgos directamente asociados al desempeño de los gobiernos,

---

47 Brailovsky, A. (2009). *Esta, nuestra única tierra*. Editorial Maipue., 2ª edición. Argentina.

lo que puede volverlo muy coyuntural. En los últimos años, estos gobiernos reformistas autodefinidos de izquierda comenzaron a verse involucrados en casos de corrupción tan deplorables como escandalosos, y la izquierda no parece haber desarrollado la capacidad de autocriticarse y asimilar los aprendizajes que sí mostraban sus predecesores. El alejamiento de Marina Silva —la emblemática ministra de Ambiente e ícono de los ecologistas del continente— del gobierno de Lula, se debió en gran parte a los escándalos de corrupción del gobierno, y no solo a que tuviera una visión más conservacionista que la del poder ejecutivo que integraba. De hecho, al alejarse del gobierno mantuvo un discurso muy crítico y populista y en las siguientes elecciones obtuvo cerca de 20 millones de votos, amenazando a Dilma Rousseff con usurparle el sillón presidencial.

Vale la pena detenernos un momento en el fenómeno de Marina Silva, esta dirigente del movimiento ecologista y de la ultraconservadora Asamblea de Dios, una de las más populares congregaciones de la Iglesia evangélica brasileña.

Si bien la Iglesia evangélica en Brasil está muy lejos de la imagen contestataria y antisistema que proyecta el movimiento ecologista, las dos facetas de Marina Silva no son excluyentes. Con más de 40 millones de fieles y decenas de miles de templos en todo el país, la Iglesia evangélica es uno de los poderes económicos y políticos más fuertes de Brasil, y también uno de los más oscuros, con varios obispos que hicieron fortunas de cientos de millones de dólares desviando fondos de la caridad. Los evangelistas constituyen uno de los bloques parlamentarios más poderosos del Congreso y seguramente el más retrógrado —proponiendo por ejemplo leyes para curar la homosexualidad—, y frecuentemente protagonizan vergonzosos escándalos políticos y financieros. A este movimiento pertenece la mitológica discípula de Chico Mendes.

Pero la Iglesia evangélica y la Iglesia ecológica tienen muchos elementos en común. Ambas se soportan en grandes operaciones de *marketing* y en fabulosos respaldos económicos, ambas fomentan el miedo en las personas con más bajo nivel de instrucción y luego ofrecen la salvación, ambas tienen un discurso transgresor, pero son básicamente conservadoras y no proponen soluciones reales a los problemas que denuncian.

En la realidad brasileña, un personaje que logre ejercer la representación simultánea del ecologismo y el evangelismo concentrará niveles gigantescos de poder. De hecho, en las elecciones de 2014 Marina Silva le volvió a dar tremendo susto al PT manteniéndose primera en las encuestas hasta pocas semanas antes de la votación.

Esta nueva irrupción de grupos aparentemente alejados del poder no es casual. Históricamente la izquierda adjudicó la corrupción a los partidos tradicionales y a las oligarquías criollas, presentando a sus dirigentes como una especie de héroes vacunados contra las miserias de los viejos gobiernos.

Aparentemente la izquierda tradicional no comprendió bien la teoría de la evolución de Charles Darwin y la aplicaba a todas las especies menos al hombre. Cualquier especie requiere millones de años para experimentar pequeños cambios, pero al parecer el hombre experimenta un inmenso salto evolutivo al llegar la izquierda al gobierno y de golpe se transforma en «el hombre nuevo», más honesto, justo e infalible, que, por lo tanto, no requiere ser controlado, peor aún, no reconoce legitimidad en las viejas instituciones de control, y en ámbitos de gobierno empieza a aparecer una cultura de la impunidad.

Esta torpe interpretación del marxismo aplica la teoría de la evolución a todas las especies, pero al llegar al hombre desecha las ciencias naturales y emplea una serie de discursos pseudocientíficos que adjudica a las ciencias sociales y por arte de magia aparece el infalible «hombre nuevo»[48], y esto es un riesgo real para la construcción de un nuevo discurso ambiental.

Para constituir un verdadero avance en los temas ambientales, el pensamiento de izquierda debe comprender que la evolución biológica es individual y egoísta, que está al servicio de los genes y no de la sociedad. Por eso la evolución cultural consiste en poner reglas que limiten el salvajismo de los genes. Si esas reglas no son respetadas, el cromañón aflora en poco tiempo.

Delincuentes y corruptos siempre habrá. Lo relevante es que el hombre es el mismo, pero la relación de la sociedad con el ambiente comienza a ser otra, y eso es lo valioso de los ejemplos de Brasil o Ecuador: los casos de corrupción demuestran que no está gobernando una especie de superhombre al que debemos venerar obedientemente, no es el hombre nuevo, es el mismo hombre viejo con sus miserias. Lo nuevo es el programa y las políticas, incluyendo las ambientales, por lo tanto los mecanismos de control deben reforzarse para evitar que esas debilidades hagan naufragar las nuevas políticas. Es hora de que la izquierda haga una lectura inteligente de Darwin y comprenda que nos parecemos mucho más a un chimpancé que a Dios. Casos de corrupción ocurrieron en los gobiernos anteriores al de Lula, en el suyo y en el de Dilma Rousseff, lo nuevo no es el hombre sino un programa para apartar del hambre a 40 millones de brasileros y colocar a Brasil como una potencia mundial.

Por último, pero tal vez lo más importante de la construcción del nuevo discurso ambiental, es que su carácter sea necesariamente local. Los problemas ambientales ocurren en lugares y momentos concretos —nunca son abstractos— y esto tiene implicaciones determinantes en la gestión, en

---

48 Singer, P. (2001). *Una izquierda darwiniana*. Editorial Crítica. España.

los análisis de causas, en las responsabilidades, en la apropiación del territorio por parte de las comunidades locales y en los ámbitos a los que se dirigen los recursos. Como discutiremos en el próximo capítulo, la gestión ambiental siempre debe ser preventiva, debemos gestionar las causas y no los efectos.

Si el discurso ambiental define como causas de la degradación ambiental a los hábitos de consumo y los modos de producción insostenibles, o las políticas imperialistas de algunos países, y como impactos ambientales describe unos cataclismos climáticos ante los que solo podemos sentir pánico, entonces se desarrollará un tipo de gestión ambiental global y consistente con ese enfoque.

Pero si las causas de los problemas ambientales son locales, ocurren en el territorio y se pueden georreferenciar, entonces la forma de gestión será otra. En este caso, se podrán identificar y caracterizar las fuentes de cada emisión contaminante, que ya no serán genéricas sino actividades humanas específicas. Este enfoque no solo es determinante en la relación del hombre con el ambiente, también lo es en la administración de recursos para prevenir problemas ambientales.

El discurso ambiental, como hecho social, debe ser concreto y tangible, de lo contrario no servirá para resolver los problemas ambientales.

CAPÍTULO III
Una nueva forma de gestión ambiental

Quien tenga cabeza de martillo,
verá todos los problemas con forma de clavo.
ALBERT EINSTEIN

AMÉRICA LATINA TUVO una década de crecimiento económico ininterrumpido, el contexto global fue favorable y apareció un nuevo discurso ambiental en el continente. Ahora es imprescindible bajar esto a tierra con acciones concretas que nos permitan abordar los desafíos y riesgos del crecimiento económico.

La sociedad del conocimiento, la economía de las TIC, etc., son cada vez más importantes, pero todos los países de América satisfacen sus necesidades materiales mediante intervenciones directas en el ambiente, y eso no va a cambiar por bastante tiempo. Por otra parte, es difícil decirle a una sociedad, o a un individuo, cuáles son sus verdaderas necesidades y cuáles son en realidad aspiraciones suntuosas. Limitar el consumo es tan difícil como limitar el espíritu conquistador del hombre, es ir en contra de su naturaleza. Las sociedades promueven, estimulan, desincentivan, eventualmente educan; y mediante sus gobiernos administran la satisfacción de esas necesidades para gestionar los conflictos entre el uso y la preservación de los recursos naturales. Y la gestión ambiental busca equilibrar esa tensión entre uso y conservación, entre conocimientos objetivos y necesidades subjetivas, entre las generaciones futuras y la actual. Intenta que la aplicación del principio precautorio[1] a los temas ambientales no implique un conservacionismo reaccionario ni un despilfarro de recursos naturales que, en ambos casos, pagarán las personas más pobres y las generaciones que aún no están.

I. ENTRE EL USO Y LA CONSERVACIÓN

Para abordar este nuevo escenario de megaproyectos y de aumento en el consumo, la gestión ambiental debe encontrar el equilibrio entre la intervención y la preservación. Un equilibro que no responde a una fórmula aritmética, pensar que la solución a los problemas ambientales es exclusivamente técnica es un error tan peligroso como el otro extremo, de pensar que la mejor solución es la que surja de la opinión de la mayoría. Los problemas ambientales son objetivos y medibles; un curso de agua podrá estar muy contaminado aunque nadie lo perciba, de hecho, en ocasiones la contaminación del agua provocará transparencia y ausencia de olor, dándole un aspecto prístino y ambientalmente saludable. Y por el contrario, por más que mucha gente lo denuncie, si un curso de agua arroja resultados técnicos aceptables, no estará contaminado. La calidad ambiental es independiente de la percepción, incluso puede ser contraria.

La evaluación de la calidad ambiental siempre debe ser lo más objetiva posible, debemos establecer técnicamente las condiciones del ambiente que debemos gestionar y no ceder ante la tentación de prejuzgar, pero las decisiones de gestión –qué tecnologías aplicar, hasta dónde intervenir y cuánto preservar, entre muchas otras– sí serán básicamente subjetivas. Qué es lo que vamos a hacer con el ambiente

---

[1] El principio de precaución es una de las herramientas de prevención de la contaminación consagrada en la legislación ambiental de la mayoría de los países de América. Y a partir de la Cumbre de la Tierra de Río de Janeiro quedó plasmado como su principio N° 15: «Cuando haya peligro de daño grave o irreversible, la falta de certeza científica no deberá utilizarse como razón para postergar la adopción de medidas eficaces para impedir la degradación del medio ambiente».

es una decisión que trasciende ampliamente el plano técnico-científico aunque se debe sustentar en él. Así, la gestión ambiental como disciplina será la síntesis práctica entre aspectos objetivos y aspectos subjetivos.

Es imprescindible conocer objetivamente el ambiente para tomar buenas decisiones, que siempre serán subjetivas. La denuncia ambiental como «adjetivo», casi como un eslogan político –por ejemplo, acusar de contaminante a una empresa sin datos que lo respalden, como forma de reforzar un argumento de oposición– en última instancia debilita las decisiones.

Ya hemos dicho que el discurso conservacionista como forma de resolver el conflicto entre uso y preservación –que lo plantea como un conflicto irreconciliable y promueve la agricultura orgánica, el uso de paneles solares, la prohibición de los plaguicidas y los transgénicos, como soluciones alternativas y no complementarias– puede ser solo compartible en abstracto, pero es totalmente ineficaz cuando se lo recrea en condiciones concretas. La energía eólica, solar o mareomotriz, podrán complementar la matriz energética pero difícilmente sean un sustituto de la energía hidroeléctrica, térmica o nuclear.

Algo similar sucede con la producción de alimentos, en la cual la agroecología podrá contribuir en el autoconsumo de campesinos, incluso podrá ser un aporte para la soberanía alimentaria de pequeñas comunidades rurales, eventualmente la agricultura orgánica podrá hacer un aporte al satisfacer un mercado de alto poder adquisitivo, sobre todo en países desarrollados. Pero suponer que la agroecología o la agricultura orgánica son la solución al hambre en el mundo es una visión al menos ingenua. Los problemas alimentarios de cientos de millones de personas pobres están directamente asociados a la concentración de la riqueza, pobreza y exclusión social, y no a los sistemas de cultivo[2]. En todo

---

2   Según la FAO, actualmente se producen alimentos suficientes para abastecer a 10 mil millones de habitantes, pero en un mundo de 7 mil millones, cientos de millones de personas pasan hambre.

caso, la permanente incorporación de tecnología a la producción agrícola, –por ejemplo, con organismos genéticamente modificados–, que permite producir alimentos más baratos, promete ser una herramienta central para combatir el hambre en vastos sectores de la población del planeta. Y lo más importante, la incorporación de conocimientos científicos y tecnología es lo que está permitiendo mejorar el desempeño ambiental de la producción agrícola, que hoy es mucho menos contaminante que hace 30 o 40 años. El discurso ecologista no es eficaz para resolver las necesidades concretas de la población del planeta y simultáneamente asegurar que la satisfacción de esas necesidades no implique problemas mayores en el largo plazo.

Un buen ejemplo de que esta tensión se puede administrar es la reciente publicación del primer mapa digital de alta resolución sobre la evolución de los bosques en el planeta[3], en el que Brasil mostró el mejor desempeño del mundo, bajando a la mitad su tasa anual de pérdida de bosques, pero lo más interesante es que –como dijimos en el capítulo anterior– este resultado lo obtuvo en el mismo periodo en que consiguió niveles históricos de reducción del hambre y la pobreza. Esto no significa que la selva amazónica no se esté reduciendo. Brasil redujo su tasa de deforestación, mejorando simultáneamente la gestión de los bosques y las condiciones de vida de la población; lo que evidencia políticas integradas de gestión ambiental, contemplando las necesidades de la sociedad actual y de las generaciones futuras. Pero no menos interesante es que Greenpeace hizo la lectura contraria de estos resultados, con una visión muy crítica hacia el gobierno de Brasil, puso el énfasis en la cantidad de hectáreas de bosque perdidas y no en la reducción de la tasa de

---

3 Brasil muestra la mayor tasa de reducción de deforestación en el mundo, y lo hace mientras resuelve las necesidades básicas de la población. Más información en: http://www.bbc.co.uk/mundo/noticias/2013/11/131115_ciencia_bosques_mapa_deforestacion_google_earth_np.shtml

deforestación –y mucho menos menciona la reducción de la pobreza, que para el discurso de esta ONG parece ser un tema totalmente independiente y ajeno al ambiente[4].

Para administrar esta tensión entre uso y conservación nunca se cuenta con todas las certezas, por lo que se deben asumir ciertos niveles de incertidumbre y de riesgo como inherentes a la toma de decisiones. Lo que hoy consideramos ambientalmente adecuado no lo será en el futuro. Las ciencias avanzan y también los niveles de exigencia, permanentemente se descubren perjuicios a la salud y al ambiente, hasta entonces desconocidos, provocados por actividades humanas. Pero nuevas tecnologías nos permiten mejorar nuestro desempeño y autoimponernos estándares más restrictivos.

Esta convivencia con ciertos niveles de incertidumbre en los procesos de gestión ambiental es particularmente importante en los megaproyectos de inversión, en los que el desequilibrio entre los aspectos objetivos y los subjetivos tiende a ser mucho mayor. Por eso es determinante fortalecer los aspectos objetivos de la gestión ambiental, los que le dan un carácter medible y riguroso, que son tangibles y reproducibles, que se soportan en las ciencias naturales (vertido de efluentes, emisiones atmosféricas, residuos sólidos, ruidos y vibraciones, entre otros).

Entendida como *administración* o *manejo* de los resultados ambientales de las actividades humanas, la gestión ambiental no responde exclusivamente al ideal ambiental que tenemos como sociedad ni a todo lo que permite la ciencia desde el punto de vista disciplinar y tecnológico. La gestión ambiental es una síntesis de estas dos dimensiones:

---

4   Seleccionando cuidadosamente un periodo de tiempo que no refleje la tendencia, Greenpeace denuncia el aumento de la deforestación en Brasil. Más información en: http://www.espectador. com/medioambiente/278428/gobierno-de-brasil-denunciado-por-greenpeace

La gestión ambiental, una síntesis entre lo subjetivo y lo objetivo

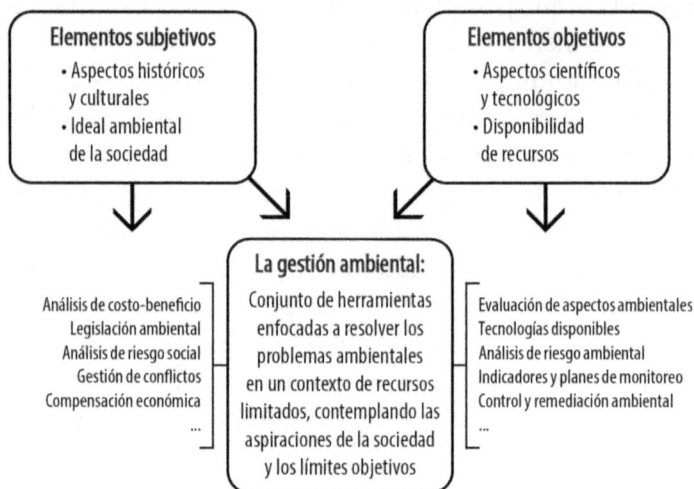

Elementos subjetivos
- Aspectos históricos y culturales
- Ideal ambiental de la sociedad

Elementos objetivos
- Aspectos científicos y tecnológicos
- Disponibilidad de recursos

La gestión ambiental:
Conjunto de herramientas enfocadas a resolver los problemas ambientales en un contexto de recursos limitados, contemplando las aspiraciones de la sociedad y los límites objetivos

Análisis de costo-beneficio
Legislación ambiental
Análisis de riesgo social
Gestión de conflictos
Compensación económica
...

Evaluación de aspectos ambientales
Tecnologías disponibles
Análisis de riesgo ambiental
Indicadores y planes de monitoreo
Control y remediación ambiental
...

FUENTE: ELABORACIÓN DEL AUTOR

A diferencia de la *ecología* que se basa en las ciencias naturales para describir los ecosistemas y las relaciones tanto bióticas como abióticas que en ellos ocurren –dejando al hombre fuera de la escena–, la *gestión ambiental* es totalmente antropocéntrica, tan influenciada por las ciencias naturales como por las ciencias sociales. En otras palabras, en la ecología el hombre es el observador y los ecosistemas son su objeto de estudio, mientras que en la gestión ambiental el hombre está en el centro de la escena y es parte del objeto de estudio, es quien puede destruir o construir el ambiente.

El concepto de ambiente –a diferencia de ecosistema– es lo que nos rodea, lo que está en torno al hombre, por lo que el alejamiento del hombre respecto del ambiente no es parte de la lógica de la gestión ambiental. En otras palabras, si nos alejamos ese ya no es el ambiente, el ambiente será el nuevo lugar que ocupemos y por lo tanto sobre este recaerán nuestras responsabilidades de gestión.

Es así que la gestión ambiental responde a una visión antrópica, que se nutre tanto de la biología y la química, como de la economía o de la sociología y la psicología.

En la figura anterior vemos que la gestión ambiental es el resultado de la resolución en cada caso concreto, de la contradicción permanente entre los *elementos subjetivos* –el ideal de ambiente que tiene la sociedad, los aspectos culturales, históricos, etc.– y los *elementos objetivos* –aspectos ambientales, tecnologías, recursos materiales– de que disponemos para abordar los problemas ambientales.

Este equilibrio se desplazará hacia el bloque subjetivo o al bloque objetivo en función de múltiples tensiones, el resultado será la gestión que una sociedad haga de su ambiente.

La nueva realidad de megaproyectos exige que las autoridades ambientales en cada país realicen una planificación estratégica del ambiente, para que la gestión no sea solo el resultado de las intenciones de inversión o de los deseos de conservación. Y para esto no solo es necesario desarrollar nuevas capacidades de planificación y gestión ambiental en el Estado, es imprescindible simplificar la compleja situación generada por el nuevo escenario ambiental en América Latina. La simplificación sin perder profundidad es hoy una prioridad de la gestión.

2. LA NAVAJA DE OCKHAM Y LA GESTIÓN AMBIENTAL

En la época medioeval, cuando la filosofía era algo muy complejo, solo para entendidos, un monje franciscano llamado Guillermo de Ockham postuló el principio que luego se llamó «La navaja de Ockham» según el cual *Entia non sunt multiplicanda praeter necessitate*. Su traducción literal al español sería «Las entidades no deben multiplicarse más allá de la necesidad», pero más recientemente se adaptó la definición de la siguiente forma: «cuando en situaciones similares, dos teorías arrojan los mismos resultados, debemos elegir la más simple»[5]. Dicho de otra forma: la definición más simple sin perder contenidos es la más acertada. Se dice que el nombre de este principio, con una buena dosis de ironía, hace referencia a que sería una navaja que afeitaría las barbas de Platón y su complejidad filosófica.

Herramientas de este tipo, con un contenido claramente pragmático, tuvieron su auge en Europa durante el Renacimiento, pero en la actualidad son de gran utilidad en disciplinas y contextos concretos, como la gestión ambiental. De hecho, la Navaja de Ockham, que apunta a simplificar todo lo que no sea esencial, es una herramienta central en la gestión ambiental moderna y la podríamos formular como «No se deben buscar causas complicadas para resolver los problemas ambientales, si las causas sencillas nos permiten resolverlos». La gestión ambiental pretende prevenir la contaminación, por lo que el análisis de causas es la tarea más importante. Si tenemos causas complejas será mucho más difícil diseñar soluciones.

Para las ciencias naturales este principio fue lapidario en las discusiones entre creacionistas y evolucionistas durante el siglo XIX y se podría formular de la siguiente forma: «No es necesario emplear un complejo andamiaje religioso-ideológico para explicar la evolución de las especies, cuando las evidencias más obvias y simples demuestran la teoría de la selección natural». Más recientemente la navaja de Ockham fue llevada al extremo por el físico Stephen Hawking: «Si Dios existe, no tuvo nada que ver con la creación del universo»[6].

Si bien Ockham tiene una larga lista de detractores que entienden que las cosas no son tan simples, desde Kant hasta Murphy y sus famosas leyes[7], no nos detendremos en una

---

5 Audi, R. ed. (1999). «Ockham's razor». En: *The Cambridge Dictionary of Philosophy*. Cambridge University Press. 2da Edición.

6 Hawking, S. y L. Mlodinow. (2010). *El Gran Diseño*. Editorial Crítica. 1ra edición en español. España.

7 Se trata de un compendio de frases pesimistas que reflejan problemas cotidianos. Por ejemplo: «Si algo puede salir mal, saldrá mal», «Siempre que las cosas parecen fáciles es porque no atendemos todas las instrucciones», «Cuando aparezca un nuevo problema, debes saber que viene acompañado».

discusión filosófica, solo es importante saber que la simplificación en temas ambientales es esencial.

¿Cómo usar la navaja de Ockham en la gestión ambiental? Nuestro objetivo es simplificar la gestión ambiental, si logramos hacer la misma gestión ambiental en forma más fácil, el resultado será mejor. En primer lugar, es necesario discernir entre la gestión ambiental y las ciencias que la sustentan. El ejercicio de las disciplinas científicas requiere de expertos, mientras que la gestión ambiental trabaja con algunas herramientas fácilmente apropiables. Si es patrimonio de expertos y de ámbitos altamente especializados, la gestión ambiental no se divulgará y no estará disponible en los lugares de toma de decisiones concretas, de administración del ambiente. Las herramientas de gestión ambiental deben estar disponibles tanto en un municipio como en la construcción de un edificio, en una fábrica o una plantación. Debe ser tan accesible y rigurosa como cualquier otra herramienta de administración.

Decidir si los efluentes se pueden verter en forma segura en un curso de agua o si requieren un tratamiento previo no puede ser el resultado de una profunda y dilatada investigación ecológica, pero tampoco debe ser objeto de un discurso místico acerca del dolor de la Pachamama. La gestión ambiental debe estandarizar métodos sencillos, reproducibles en tiempos razonables y económicamente accesibles, para comparar ese efluente con los estándares legales, con las características del cuerpo receptor y con otros criterios que se consideren relevantes.

Un ejemplo tan actual como contundente del uso de la navaja de Ockham en los temas ambientales lo constituye el discurso del calentamiento global que analizamos en el capítulo anterior. Un problema definido en una escala planetaria, que se lo ubica en el plano del discurso, con muy poco esfuerzo para identificar sus causas específicas o para desagregarlo en fuentes de emisión puntuales, por lo que no es posible realizar una gestión ambiental eficaz. Esto no significa que el problema no exista, solo significa que su formulación es de tal complejidad que hace imposible su abordaje. Peor aún, sirve de coartada —casi de muletilla— para ocultar deficiencias de gestión a nivel local.

Si adjudicamos el drama social de los deslaves en cerros de la periferia urbana y el arrastre de cientos de viviendas precarias a las lluvias excepcionalmente copiosas provocadas por el cambio climático, y ubicamos las causas en los hábitos de consumo insostenibles de la sociedad moderna, podremos hacer muy poco por resolver el problema. En esa formulación, el problema será global y nosotros solo estaremos experimentando una manifestación puntual. Pero si identificamos las causas específicas y locales del deslave —por ejemplo, vulnerabilidad del suelo a la erosión debida a la tala y desatape de cobertura vegetal, falta de planificación y construcción de viviendas en zonas de riesgo, falta de control municipal a la calidad de las construcciones, entre otras— es mucho lo que podremos hacer: además de establecer responsabilidades, podremos diseñar medidas de gestión, asignar eficazmente los recursos, monitorear su instrumentación, pero lo más importante es que podremos prevenir la ocurrencia del problema, que es la principal finalidad de la gestión ambiental.

Existe una tendencia negativa en las playas turísticas y zonas costeras de todo el continente, muchas muestran señales evidentes de deterioro ambiental. Pérdida de arena en la playa y las dunas, aumento de la turbidez y presencia de contaminantes en el agua, muerte de los corales, acumulación de residuos en la playa y el lecho marino, entre otras señales de degradación.

Pese a los perjuicios que acarrean estos problemas y a que existen medidas aplicables a nivel local para resolverlos, la mayoría de los esfuerzos económicos y académicos a nivel mundial se centran en cómo enfrentar el aumento del nivel del mar provocado por el calentamiento global, hecho del que aún no existen evidencias contundentes[8], pero sobre todo que sus impactos seguramente serán menores que los que provoca actualmente la mala gestión ambiental de las zonas costeras.

El aplicar la navaja de Ockham al problema de degradación de las playas nos llevaría, en lugar de buscar en un fenómeno de la complejidad del cambio climático las causas de la degradación ambiental, a analizar cada causa local de la que sí tenemos control. Por ejemplo:

- La mayoría de las playas turísticas del Caribe se están degradando y sobre todo están perdiendo arena. Parece extraño que el cambio climático afecte más a las playas turísticas que al resto, pero simultáneamente vemos que los vertidos de aguas cloacales, la tala de manglares, la pesca submarina, son problemas locales que se concentran en esas playas, por lo que parece razonable buscar ahí las causas del deterioro.
- La salud de los arrecifes de coral depende directamente de la penetración de la luz y de la calidad de la columna de agua. Un pequeño aumento de la turbidez o una variación microbiológica puede provocar daños irreversibles. En muchas zonas costeras donde se constata la muerte de los corales, el aumento de la turbidez es provocado por los vertidos desde el territorio, principalmente por arrastre de sedimentos, debido a la erosión causada por malas prácticas agrícolas en las cuencas que vierten en la playa.
- Este fenómeno se acelera con la eliminación de manglares que naturalmente funcionan como trampas de sedimentos en las zonas costeras. La tala de bosques de mangle para la expansión urbana en las

---

8 Houston, J. R. & R. Dean. (2012). «Comparisons at Tide-Gauge Locations of Glacial Isostatic Adjustment Predictions with Global Positioning System Measurements». *Journal of Coastal Research*. Vol. 28, No. 4, 2012.

costas permite que los sedimentos lleguen sin ningún filtro a la columna de agua. Reducir los procesos de erosión mediante la mejora de las prácticas agrícolas, controlar la tala de manglares o impedir los vertidos de aguas cloacales en la playa, son medidas que están al alcance de los gobiernos, pero adjudicar la causa de muerte de los corales al calentamiento global –aunque sea una de las causas– no nos ayuda en absoluto a resolver el problema.

- En Salvador de Bahía, los vertidos de la industria cementera y la industria petroquímica están matando los corales; en el parque Morrocoy del litoral venezolano son los sedimentos generados por la erosión agrícola y arrastrados por los ríos los causantes de la muerte de los corales; en la Riviera maya son los vertidos de aguas cloacales de cientos de hoteles los responsables. Así podríamos seguir con todos los arrecifes del continente, identificando las causas locales y concretas de su deterioro, y aunque el cambio climático pueda ser una de las causas –no demostrada– es más cómodo y más inútil decir que los corales mueren por el calentamiento global, mientras seguimos usando las costas como sumideros.

- Los arrecifes costeros son un larguísimo rompeolas natural que reduce la energía del oleaje y protege las playas. Al degradarse los corales, el oleaje incide directamente y las playas comienzan a perder arena.

- Pero este problema de pérdida de arena se acentúa con el sobrecrecimiento de pastos submarinos. Las praderas sumergidas de fanerógamas marinas (principalmente del genero *Thalassia sp*), tan comunes en las zonas someras de las playas tropicales, reciben grandes cantidades de nutrientes por los vertidos de aguas cloacales de la hotelería y de la expansión urbana. Esos nutrientes adicionales promueven el crecimiento excesivo de los pastos marinos, que fijan la arena en la zona litoral e impiden que sea transportada nuevamente a la playa de la que el oleaje la retiró.

- La actual pérdida de arena en dunas y playas no se debe al aumento del nivel del mar, sino principalmente al aumento de las construcciones sin planificación ni control en las zonas costeras. La concentración de la gran hotelería dentro de las playas, con una densidad muy alta y cada vez más cerca de la línea de ribera, la extracción de arena para la construcción y la falta de saneamiento son causas más directas y abordables que el calentamiento global.

- Los vertidos de efluentes líquidos en las playas son problemas absolutamente locales, que generan severos daños ambientales y económicos, no solo la pérdida de arena y la muerte de los corales. Pero adjudicar la pérdida de biodiversidad en el mar al cambio climático, mientras se permite verter aguas cloacales en manglares –bosques halófilos cuyos tallos sumergidos en el mar constituyen una importante zona de cría y refugio para una enorme cantidad de especies–, es un enfoque inútil para resolver el problema.

Muchas pesquerías comerciales que se explotan a grandes distancias de los manglares dependen de la salud de estos boques costeros, lo que tal vez dificulta asociar las causas locales con los efectos globales; pero la forma de conservar las pesquerías es cuidar y no contaminar los ecosistemas que protegen a sus alevines hasta que se aventuren al mar abierto. Complejos hoteleros y desarrollos inmobiliarios en varios países del Caribe vierten sus aguas cloacales en los manglares –porque estos bosques son inaccesibles a los visitantes y nadie notará el vertido indebido a pocos metros de la playa–. Tal vez en su defensa se debe decir que estos complejos fueron irresponsablemente autorizados por los gobiernos locales en zonas que no están servidas por redes de saneamiento de aguas cloacales. En resumen, pesquerías en el mar se pierden por vertido de aguas cloacales en sitios concretos de la costa, lo que se puede abordar con total eficacia, pero si adjudicamos la pérdida de biodiversidad al cambio climático será poco lo que podrá hacer el gobierno local.

Seguramente al leer este ejemplo de la degradación de las playas del Caribe se nos ocurrió una batería de medidas de gestión para eliminar las causas del problema: saneamiento, planificación urbana, respetar la faja de defensa de costas, reforestación de manglar, regeneración de arrecifes[9], entre otras. Eso se debe a que identificamos las causas locales del problema y por lo tanto, rápidamente visualizamos las soluciones. Pero si identificamos como causa el cambio climático de escala planetaria, ¿qué medidas podemos impulsar en nuestro acotado ámbito de acción para resolver el problema?

Si bien en ocasiones la formulación genérica de las causas de los problemas ambientales es deliberada y sirve para no asumir responsabilidades en la solución del problema, en la mayoría de los casos se trata solo del desconcierto que provoca el discurso ambiental global, que por ejemplo, en el año 2011, llevó a que muchos medios masivos adjudicaran el tsunami que azotó las costas de Fukushima y su accidente nuclear a «los cambios que está sufriendo la Tierra,

---

9 Edwards, A. J., E. D. Gomez,. (2007). *Reef Restoration Concepts and Guidelines: making sensible management choices in the face of uncertainty.* Coral Reef Targeted Research & Capacity Building for Management Programme. St. Lucia, Australia. www.gefcoral.org

por la acción humana». Los terremotos submarinos como el que provocó este tsunami ocurrieron durante toda la historia de nuestro planeta, eso no lo podemos evitar. Pero las construcciones irregulares en zonas costeras y la falta de planificación urbana, que transformaron el tsunami en un desastre, sí se pueden evitar.

La aplicación de la navaja de Ockham a los temas ambientales no necesariamente significa concentrarnos en hechos específicos. Si quisiéramos emplear esta herramienta en forma global quedaría en evidencia la ridiculez de las megacumbres internacionales que convocan periódicamente a miles de ecologistas, cientos de jefes de Estado y decenas de empresas multinacionales –Río, Río+10, Río^n– para salvar al mundo de una buena vez. Toda una parafernalia discursiva y mediática inútil, cuando la navaja de Ockham nos permitiría simplificar la formulación del problema diciendo que un sistema basado en producir más y consumir más, en un contexto de recursos naturales finitos, necesariamente será insostenible. Que el mismo sistema exhorte a las personas a tomar conciencia y salvar el planeta es una broma de mal gusto. La búsqueda del cambio de conciencia individual como disparador del cambio colectivo es la gran mentira de la publicidad ambiental. Los cambios sociales no son la sumatoria de cambios individuales. Que apaguemos la luz al salir de la habitación o que usemos la impresora en modo «borrador» no va a salvar al planeta, sobre todo si la obsolescencia programada de la impresora no supera el año y al cabo de ese periodo es necesario tirar a la basura el enorme aparato multifunción. En definitiva, esas enormes cumbres y las grandes campañas publicitarias no se concentran en la causa del problema: un sistema que se basa en producir y consumir, en un contexto de recursos limitados, no persigue la sostenibilidad.

Pero la aplicación práctica más importante de la navaja de Ockham a la gestión ambiental es la simplificación que resulta de jerarquizar el concepto de *aspecto ambiental* –causas concretas y medibles de los impactos ambientales– ante el concepto de *impacto ambiental* –efectos tardíos, complejos y difíciles de predecir–. A esta diferencia dedicaremos las próximas páginas.

3. LOS IMPACTOS AMBIENTALES SON IMPREDECIBLES

Hay muchas definiciones aceptadas de impacto ambiental –lo que de por sí no es una buena señal–, pero razonablemente podemos decir que los impactos ambientales son los cambios en el ambiente provocados por actividades humanas, que el ambiente no puede absorber restableciendo las condiciones previas a la intervención. Se pueden hacer muchas objeciones a esta definición, por ejemplo, que asume que todos los impactos ambientales son provocados por el hombre –aunque la erupción de un volcán o un tsunami pueden provocar cambios significativos en el ambiente, y no son provocados por el hombre–, pero a efectos de la gestión ambiental nos interesan aquellos daños al ambiente sobre los que tenemos control, los que podemos prevenir, y esos usualmente son los provocados por el hombre.

El mayor problema en la gestión ambiental de los megaproyectos consiste en que aún se los evalúa y gestiona con un enfoque tardío, con base en sus impactos ambientales, –a los efectos y no a las causas–. La experiencia ha demostrado ya hace décadas que los impactos ambientales de grandes proyectos no se pueden predecir en su totalidad. Veámoslo así: ante el desarrollo de un megaproyecto, ¿qué componentes de un ecosistema serán impactados?, ¿de qué forma y en qué magnitud? La teoría ecológica nos dice que todos los componentes de un ecosistema están vinculados, que al afectar a uno es imposible predecir hasta qué niveles llegará la afectación.

Si se vierte un efluente en un cuerpo de agua ¿podemos predecir qué componentes se verán afectados? Supongamos que identificamos que una población de peces desaparecerá, ¿y las aves que se alimentan de esos peces?, ¿y los mamíferos que se alimentas de esas aves?, ¿y otras poblaciones de peces que en apariencia no se vieron afectadas pero que el cambio de las condiciones las hizo más vulnerables ante los predadores o menos eficaces en la competencia? Podríamos continuar indefinidamente con la lista de efectos crónicos subletales y de relaciones de causalidad de impactos. Esto se debe a que los ecosistemas son básicamente sistemas complejos —con resultados emergentes, diferentes a la sumatoria de las partes—, donde todos los componentes tienen algún grado de interrelación, en los cuales si bien podemos describir su funcionamiento, difícilmente podemos predecirlo. Y a esa inmensa identificación de posibles impactos ambientales, debemos agregar aquellos que están determinados por la percepción que las personas tienen del ambiente, que son aún más subjetivos que los anteriores pero igualmente legítimos —por ejemplo la modificación del paisaje o el estrés causado por la percepción de riesgos ambientales—. Y así, la lista de posibles impactos se volverá interminable.

En resumen, los impactos ambientales son un enfoque tardío de la gestión ambiental, que entraña una dosis demasiado alta de subjetividad y es poco eficaz para la gestión.

Ante la llegada de un nuevo megaproyecto —agrícola, minero, industrial, turístico, etc.— comienzan las denuncias por los impactos ambientales que provocará y rápidamente se abre una inmanejable caja de Pandora: «se envenenará el agua y el aire, morirán los peces, la gente se enfermará, perderemos el turismo». Y miles de presagios muy efectistas pero poco útiles para gestionar el nuevo proyecto. De hecho, siempre la conclusión obvia a la que llegan los denunciantes es «que se vayan». Los estudios de impacto ambiental de un megaproyecto nunca dejan contentas a todas las partes, siempre se podrá agregar un daño más a la lista, otra especie afectada, un perjuicio sobre la salud o un impacto económico indirecto.

En este contexto, la función de la gestión ambiental consiste en darle racionalidad a la lista de catástrofes, simplificarla y hacerla manejable. Y para eso debe ir un paso hacia atrás y concentrarse en las causas de los problemas, no en sus efectos. Debe cambiar su objeto de estudio, no trabajar sobre los impactos ambientales, sino sobre los aspectos ambientales.

La gestión ambiental de grandes proyectos debe alejarse del ejercicio de futurología que significa tratar de predecir todos los impactos ambientales y concentrarse en la evaluación técnica de todas las emisiones al ambiente —efluentes, residuos, etc.— que provocará el nuevo proyecto y que sí son medibles, no cediendo ante la tentación de ingresar en la discusión de los impactos ambientales, que solo desdibujará el componente técnico y objetivo de la gestión ambiental.

Para abordar problemas de gran complejidad, como los megaproyectos de los que hemos venido hablando es necesario desarrollar herramientas sencillas, objetivas, reproducibles, apropiables. El concepto de aspecto ambiental —emisiones, que provocan impactos ambientales— implica cuantificar y medir, y es un buen paso en esa dirección.

Toda disciplina necesita, en algún momento de su desarrollo, especificar o delimitar su objeto de estudio. Muchas veces el objeto referido ya está más o menos definido antes del inicio de la construcción discursiva y a su alrededor se construye el corpus de conocimiento que define la disciplina: los astros y la astronomía, los animales y la zoología, las plantas y la botánica. Otras veces, la misma ciencia o disciplina es la que debe crear su objeto de estudio, como en el caso de las ciencias humanas: la lingüística y su concepto de lengua, la economía y sus relaciones económicas, la psicología y el inconsciente freudiano.

Generalmente, los conocimientos de una disciplina emergente se generan alrededor de necesidades que van guiando y delimitando su desarrollo hasta que finalmente es capaz de definir su objeto. Tal ha sido el caso de la gestión ambiental y su concepto central: el *aspecto ambiental*. A diferencia del impacto ambiental, el concepto de *aspecto ambiental* funciona como un hilo conductor que integra los elementos —actividades humanas, emisiones y consumos, legislación— de una disciplina hasta entonces fragmentada, estableciendo relaciones de causalidad claras y medibles.

Este cambio del concepto central y del objeto de estudio de la disciplina se debe a que la gestión ambiental parte de una comprobación cotidiana: el medio ambiente es afectado por todo aquello que tomamos de él —consumos— o que tiramos en él —emisiones—. Lo que extraemos del medio o tiramos en él, es el interés central de la gestión ambiental, cada organismo o individuo, cada organización o institución que interactúa con su medio, consume recursos y emite residuos a su ambiente. Y esto, a diferencia de los impactos ambientales, sí es predecible.

Si quisiéramos enumerar los aspectos ambientales de un proyecto veríamos que se puede elaborar una lista y clasificarlos en pocas categorías, cosa que no lograremos con los impactos ambientales. En la mayoría de los megaproyectos los aspectos ambientales se repiten —emisiones atmosféricas, efluentes líquidos, residuos sólidos, consumo de recursos no renovables, ruidos y vibraciones, presencia de obra—, pero lo que sí varía significativamente es la relevancia que cada aspecto ambiental tiene en cada proyecto.

Esta caracterización de los aspectos ambientales es lo que será original y distintivo de cada megaproyecto: caudal, concentración, composición, frecuencia, etc., y es lo que nos permitirá evaluarlos y establecer la necesidad de gestionarlos. Por lo tanto, podremos desagregar el desempeño ambiental de un megaproyecto en un listado detallado y exhaustivo de emisiones y consumos, rigurosamente caracterizados.

Para prevenir hay que atacar causas y no efectos

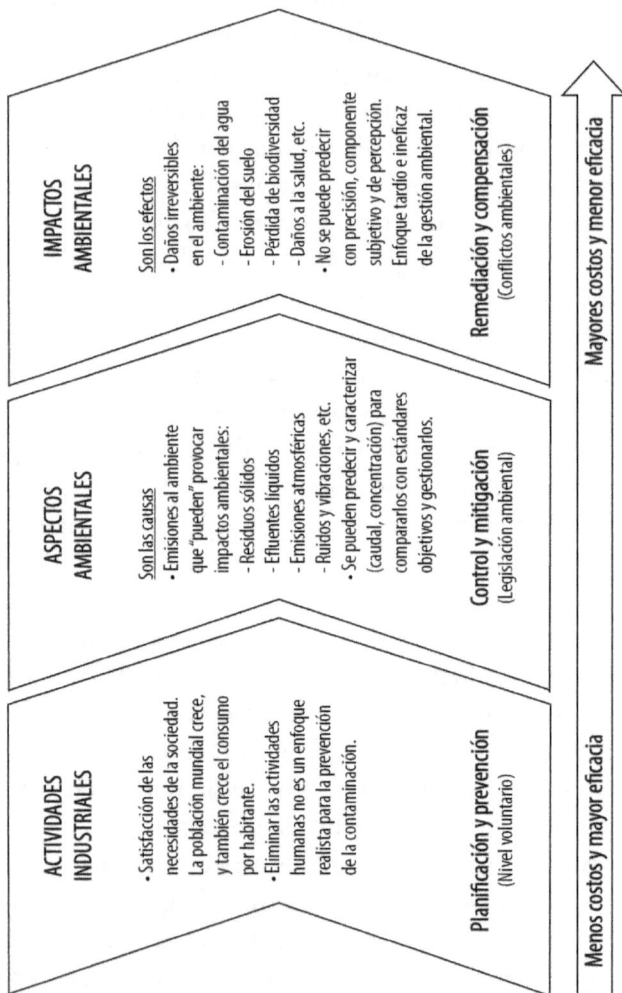

ACTIVIDADES INDUSTRIALES

- Satisfacción de las necesidades de la sociedad. La población mundial crece, y también crece el consumo por habitante.
- Eliminar las actividades humanas no es un enfoque realista para la prevención de la contaminación.

Planificación y prevención
(Nivel voluntario)

ASPECTOS AMBIENTALES

Son las causas
- Emisiones al ambiente que "pueden" provocar impactos ambientales:
  - Residuos sólidos
  - Efluentes líquidos
  - Emisiones atmosféricas
  - Ruidos y vibraciones, etc.
- Se pueden predecir y caracterizar (caudal, concentración) para compararlos con estándares objetivos y gestionarlos.

Control y mitigación
(Legislación ambiental)

IMPACTOS AMBIENTALES

Son los efectos
- Daños irreversibles en el ambiente:
  - Contaminación del agua
  - Erosión del suelo
  - Pérdida de biodiversidad
  - Daños a la salud, etc.
- No se puede predecir con precisión, componente subjetivo y de percepción. Enfoque tardío e ineficaz de la gestión ambiental.

Remediación y compensación
(Conflictos ambientales)

Menos costos y mayor eficacia → Mayores costos y menor eficacia

FUENTE: ELABORACIÓN DEL AUTOR

La significatividad de cada aspecto ambiental, su capacidad de provocar impactos, es un sello distintivo de las características ambientales de cada proyecto y su evaluación debe ser producto de un procedimiento metodológicamente muy riguroso, no de la opinión pública.

Los aspectos ambientales se pueden estimar en forma previa, en función de los procesos productivos y las tecnologías que se aplicarán; se los puede cuantificar y por lo tanto se puede realizar una evaluación objetiva, por ejemplo, contrastando el aspecto ambiental potencial con límites legales u otros estándares, lo que es imposible hacer con los impactos ambientales. En esta evaluación previa de los aspectos ambientales se basa la gestión ambiental moderna.

4. LOS ASPECTOS AMBIENTALES Y LA PREVENCIÓN DE CONFLICTOS

Para terminar, y a modo de ejemplo de lo que hemos venido discutiendo, retomemos el caso de la megafábrica de pasta de celulosa en Uruguay que mencionamos en el capítulo anterior. Construida en el año 2005 sobre la costa del río Uruguay, en la frontera con Argentina, esta megafábrica de capitales finlandeses se instaló y opera con las mejores tecnologías disponibles, procesando madera de eucalipto para producir pasta de celulosa que luego es usada en la producción de papel.

Desde mucho antes de comenzar la construcción, el proyecto estuvo marcado por un durísimo conflicto ambiental que distanció a los dos países desde muchos puntos de vista, pero sobre todo, generó temores reales en la población ribereña de Argentina, que realizó movilizaciones masivas en rechazo a la instalación de la fábrica y que llevó su reclamo hasta la Corte Internacional de La Haya.

Desde personajes de telenovelas, reinas de carnaval y cantantes en busca de una oportunidad, hasta premios Nobel de la Paz y el rey de España, dieron su calificada opinión acerca de los impactos que la fábrica provocaría en el ecosistema.

Se realizaron más de una docena de estudios de impacto ambiental a este proyecto, entre los que se pueden destacar:

- Estudio de impacto ambiental realizado por la propia empresa, Botnia
- Dirección Nacional de Medio Ambiente de Uruguay
- Academia Internacional de Ciencias del Medio Ambiente de Venecia
- Consultora EcoMetrix, para la Corporación Financiera Internacional
- Informe del Ombudsman del Banco Mundial
- REDES - Amigos de la Tierra Uruguay, junto con otra ONG ecologista
- Facultad de Ciencias de la Universidad de la República de Uruguay
- Academia Nacional de Ingeniería de la Argentina
- Tribunal Internacional de La Haya
- Green Cross, ONG de Mijail Gorbachov, con apoyo de la Facultad de Ciencias Exactas y Naturales de la Universidad de Buenos Aires
- Instituto Nacional de Tecnología Industrial (INTI) de Argentina
- Grupo Técnico Binacional de Alto Nivel para el Estudio de las Plantas de Celulosa.

Cada uno de estos estudios dio resultados distintos a todos los demás, las listas de impactos ambientales resultantes fueron siempre diferentes y por lo tanto también lo fueron las conclusiones –desde reubicar la fábrica, hasta su inocuidad ambiental–. Tal vez el único elemento metodológico común entre todos los estudios fue haberse concentrado en la identificación de impactos ambientales, sin un análisis de causas riguroso, sin una identificación de aspectos ambientales, y por lo tanto, cada uno constituyó una pequeña contribución adicional de leña para el incendio. En los listados de impactos ambientales plasmados en los informes se encontraban desde olores nauseabundos –para algunos permanentes en toda la costa argentina, para otros ocasionales y solo perceptibles en el entorno de la fábrica–, hasta afectación a la fauna íctica –para algunos desaparecería la pesca del río Uruguay, otros concluían que se produciría una reversión sexual de algunas especies y abundarían las malformaciones–. Había para todos los gustos.

Todos desconfiaban de la objetividad e independencia de los demás, la subjetividad se apoderó de los distintos actores –vulgares y científicos–. Las encuestas de opinión eran elocuentes: en Argentina 80 % en contra de la instalación de la fábrica, en Uruguay 80 % a favor.

En el año 2006, la Asociación de Universidades Grupo Montevideo, integrada por las 18 universidades públicas del Mercosur, se ofreció para realizar un nuevo estudio de impacto ambiental, a cargo de expertos y técnicos de esas instituciones –al menos no propusieron hacer 18 estudios más–.

Obviamente que en estos conflictos lo ambiental suele ser accesorio, una excusa para ejercer una oposición que realmente tiene bases fundamentalmente económicas. Pero de no ser así y de haber desarrollado rigurosamente una evaluación de aspectos ambientales, todos los informes habrían llegado a conclusiones similares. Las actividades –de construcción y de operación– de la fábrica eran conocidas y sobre ellas nunca hubo dudas, las emisiones y los consumos de cada una se pueden identificar exhaustivamente y se los puede caracterizar técnicamente. Luego se pueden acordar una serie de criterios –técnicos e independientes– para evaluarlos, y contrastar cada aspecto ambiental con todos los criterios adoptados –límites legales, sensibilidad del medio, análisis de riesgos, entre otros–. Así podemos determinar cuáles son significativos, es decir, que tienen la capacidad de provocar impactos ambientales, no nos importa qué impactos, cualquiera será inadmisible. Y por lo tanto, no nos enfrascaremos en construir largas listas de impactos, sino en gestionar los aspectos ambientales significativos para mantenerlos bajo control.

Hoy, luego de varios años de controles a la operación de la fábrica, se pudo determinar que los aspectos ambientales más significativos son el aporte de fósforo al río Uruguay –sería incurrir en el mismo error comenzar a hacer una lista de posibles impactos ambientales asociados al exceso de fósforo– y la presencia de la fábrica en la zona costera, cuyos impactos son tantos y tan subjetivos como habitantes de la zona. Pero la autoridad ambiental contaba, desde antes de que el proyecto existiera, con todos los elementos para evaluar la significatividad del efluente y establecer que se debía controlar su vertido. El efluente se podía caracterizar con precisión –caudal, composición, etc.–, se cuenta con límites legales para cada componente del efluente a verter, y se cuenta con una caracterización del cuerpo de agua receptor para establecer su sensibilidad y tolerancia a un aporte adicional. Lo mismo se podía hacer con el aspecto ambiental provocado por la presencia de la obra.

En resumen, ni los ecologistas, ni el Banco Mundial, ni la ONG de Gorbachov pretendían engañar a nadie, utilizaban un método de evaluación ambiental poco útil para grandes proyectos. Cuando tratamos de evaluar y gestionar proyectos industriales de gran complejidad, el desafío es no sumergirnos en esa complejidad, sino simplificar el análisis hasta llegar a decisiones tan concretas y prácticas como reducir la concentración de fósforo en el efluente o retirar la fábrica a 200 metros de la costa.

Al finalizar este capítulo, si tuviéramos que volver a definir la *sustentabilidad ambiental* de un proyecto, intentando que deje de ser un adjetivo del *marketing* de las empresas y que realmente nos hable de su integración al entorno, tendríamos elementos más objetivos para hacerlo y diríamos que «un proyecto será sustentable si tiene bajo control todos sus aspectos ambientales, de forma de asegurar que no provoca impactos ambientales».

CAPÍTULO IV
El desafío ambiental de América Latina

Al pensar en el futuro, está de moda ser pesimista. Sin embargo, la evidencia contradice inequívocamente ese pesimismo. Durante los últimos siglos la humanidad ha mejorado drásticamente, en el mundo desarrollado donde es bastante obvio, pero también en el mundo en desarrollo, donde la esperanza de vida se ha más que duplicado en los últimos 100 años.
BJORN LOMBORG[1]

I. TODO TIEMPO FUTURO SERÁ MEJOR

Desde las economías más grandes del mundo, encabezadas por EE. UU. y China, hasta los países con mayores niveles de satisfacción de sus ciudadanos, encabezados por Noruega, Australia y los Países Bajos, tienen una visión del futuro muy distinta de la que nos pinta el movimiento ecologista. Muchos planificadores estratégicos coinciden en que en menos de 50 años el comercio mundial habrá cambiado radicalmente y no será principalmente de bienes físicos, los transatlánticos cargados de contenedores serán sustituidos por impresoras 3D. La producción de bienes y servicios será localizada, lo que se exportará será el diseño. Las exportaciones serán principalmente intangibles, irán a la velocidad de la luz y sin gases de efecto invernadero, los bienes serán más baratos y se desarrollarán más las economías locales. Se generalizará la agricultura urbana y periurbana con alta

---

1   Lomborg, B. (2003). *El Ecologista escéptico*. Editorial Espasa. 1ª edición en español. España.

tecnología, cercana a los mercados, reduciendo el costo y los transportes[2].

Esto tendrá repercusiones positivas en los problemas ambientales actuales, pero no tengamos dudas de que generará nuevos problemas y nuevos desafíos ambientales. El futuro dependerá menos de los combustibles fósiles, no porque sean contaminantes, será parte de la evolución de la sociedad. En este sentido, el primer paso será el tránsito del petróleo al gas natural. Se explotarán en forma eficiente inmensas reserves de hidratos de metano y el petróleo tendrá un rol marginal –como pasó históricamente con las fuentes anteriores de energía– pero simultáneamente se abaratarán las energías renovables y seguramente se descubrirán nuevas fuentes de energía. La pobreza y el hambre se reducirán y la esperanza de vida será mayor, los avances en la medicina no cesarán y la calidad ambiental mejorará. El gran desafío de América Latina consiste en estar preparados para ser parte de ese futuro mejor, ser protagonistas en la construcción del futuro.

Es imprescindible que el nuevo discurso ambientalista sea propositivo, no como estrategia de *marketing* sino como conclusión constructiva de la crítica. Las propuestas que surjan de ese ambientalismo crítico deben responder a las necesidades y posibilidades reales de las sociedades y no al deseo del pensamiento ecologista.

Lo que he intentado demostrar en este libro es que el hombre no necesariamente es un criminal destructor del ambiente, tal vez visto en plazos históricos es en realidad un visionario constructor de un ambiente nuevo; que no vamos rumbo al precipicio y el ambiente no está cada vez peor. La esperanza de vida no cesa de aumentar, el hambre en el mundo se reduce y la conciencia ambiental es cada vez

---

2   Huntsman, J. M. (2015). «El comercio refleja los cambios en la estructura de poder global». *The Wall Street Journal*. 3 de junio de 2015.

mayor. Hay motivos para estar preocupados, pero también hay motivos para ser optimistas.

La percepción de que todo tiempo pasado fue mejor, además de patética es falsa. Como hemos venido argumentando, nuestra vida es infinitamente mejor que la de quienes vivieron en el planeta hace cien o hace mil años. Y los pronósticos ambientales más serios son de mejora y no de desastre.

Las emisiones de gases de efecto invernadero se reducirán sustancialmente en el futuro cercano, en cuestión de pocos años todos los vehículos serán emisión cero, pero simultáneamente serán más confortables y los accidentes automovilísticos también se reducirán, entre otras razones porque los autos no tendrán conductor.

La energía solar espacial –energía solar captada en el espacio y retransmitida a la Tierra– y la fusión nuclear –el proceso contrario de las centrales nucleares actuales que se basan en la fisión– son áreas de investigación aplicada que prometen ser el primer gran aporte de las energías renovables.

¿No parece más razonable pensar que la escasez de agua nos impulse a desarrollar con éxito tecnologías para potabilizar agua de mar a gran escala, a pronosticar que en el futuro las guerras serán por agua?

Pero los miles de científicos que hacen esto posible, a lo largo de todo el mundo, tienen mucha menos cobertura mediática que un anuncio del fin del mundo presagiado por los mayas o por Greenpeace.

No parece razonable pensar en una conspiración global para engañarnos, no creo que exista una élite planificando cómo mentirnos y hacernos creer que el mundo está por acabar debido a nuestros pecados medioambientales; no creo que inventen el apocalipsis climático como distractor de los problemas reales y verdaderamente graves que afectan a gran parte de la humanidad. Si bien muchos centros de poder se benefician del alarmismo y la frivolidad del discurso ecologista, las razones del pesimismo son más complejas y posiblemente están más asociadas a elementos culturales, incluso biológicos.

Sería ingenuo no asociar el enorme interés conservacionista sobre la región ártica a las inmensas reservas energéticas que descansan bajo el lecho marino. Daneses, rusos, estadounidenses y canadienses están realizando grandes esfuerzos financieros, desplegando submarinos y rompehielos y, mientras se preparan para reclamar soberanía sobre las mayores reservas petroleras del planeta no quieren que nadie las toque, que se conserven prístinas hasta que se lance la carrera por la conquista del polo norte.

Pero nuestra percepción negativa está mucho más arraigada y no tiene nada de coyuntural. La evolución moldeó nuestra mente para estar alerta de los peligros, para ser cautos y desconfiados, un condicionamiento biológico que seguramente influyó en nuestra psicología individual y colectiva, en nuestra propensión a prestar atención a noticias malas y pronósticos alarmistas, y a considerar banales o sospechosas las buenas noticias, por lo que no es extraño que ante cada nuevo presagio de cataclismo ambiental se nos pongan los nervios de punta. Tal vez es por esto que en el análisis de los problemas ambientales se penaliza el ser optimista.

Claro que existen razones empíricas para el pesimismo. Hemos terminado un siglo en el que murieron cientos de millones de personas por guerras y epidemias, en el que extinguimos especies y contaminamos ecosistemas a límites obscenos, pero eso no debería opacar que en ese mismo siglo la esperanza de vida se duplicó y la mortalidad infantil se redujo en un 99 %; que pese al aumento de la población mundial, la alfabetización pasó en el mundo del 25 al 80 %. Esa es una parte de la película que no podemos obviar al analizar nuestra relación con el ambiente.

Pero las cosas no son lineales, y aunque la pobreza se reduce, la concentración de la riqueza aumenta, es decir, que los pobres son menos pero muchísimo más pobres y los ricos son menos pero muchísimo más ricos.

Según el último informe de Oxfam, ONG dedicada a la reducción de la pobreza, 50 personas en el mundo son más ricas que la mitad del planeta, es decir, más que 3500 millones juntas[3].

Hoy no nos llama la atención que el 1 % de la población mundial tenga más riquezas que el 99 % restante; peor aún, esta desigualdad es socialmente aceptada –y a veces celebrada–. Hoy los multimillonarios son modelos éticos, personas cuya riqueza se basa en su creatividad e inteligencia, sumado a algún golpe de suerte, personas dadivosas cuya escandalosa concentración de riqueza nada tiene que ver con la pobreza del 99 % de la gente del mundo. Y eso sí es un cambio sustancial en nuestra interpretación de la realidad. Los Rockefeller del siglo pasado eran sospechosos, eran culposos, jamás entrarían al reino de los cielos. Los Bill Gates de este siglo son modelos de bondad y preocupación por el prójimo. Y aunque parezca que este tema no se relaciona con los problemas ambientales, su relación es directa.

Si en el primer capítulo decíamos que el mayor logro ambiental de una década de crecimiento económico había sido reducir la pobreza, entonces la concentración de la riqueza es una amenaza para el ambiente.

Por supuesto que los actuales niveles de pobreza son criminales y que la concentración de la riqueza en pocas manos aumenta continuamente, nunca en la historia de la humanidad hubo niveles de desigualdad tan escandalosos. Está claro que eliminar la desnutrición y la mortalidad infantil no es un tema técnico ni de falta de recursos, revertir

---

3 Hardoon, D., et al. (2016). «Una Economía al servicio del 1%». Informe de OXFAM Internacional. Reino Unido. En https://www.oxfam.org/es/informes

esta situación es el desafío más apremiante que enfrenta la humanidad, mucho más que la reducción de los gases de efecto invernadero.

2. CRIMEN Y CASTIGO

El primer desafío es incorporar la variable ambiental en la sociedad y el Estado, y no es exagerado decir que hoy casi no existe. Hoy en gran medida el desempeño ambiental se deja librado a la «conciencia» de las personas. La conciencia es «saber» algo sin necesidad de un proceso de razonamiento, es un conocimiento previo fácilmente disponible en nuestra toma de decisiones cotidiana. Si ahora es de noche, soy consciente de que en algunas horas será de día y tomo decisiones en consecuencia, no necesito razonarlo.

Todos sabemos individualmente que contaminar está mal, somos conscientes de eso, lo que no implica en absoluto que la contaminación disminuya. Mientras un discurso avasallante nos invita a contaminar –consumiendo lo que no necesitamos, generando más residuos, etc.– el Estado, en una complicidad tonta, nos exhorta a clasificar la basura en bolsitas de colores. Sergio Federovisky[4] lo explica en forma tan gráfica como provocadora: el Estado no deja librado el Derecho a la propiedad a la conciencia de las personas. Me gusta mucho un nuevo modelo de auto que está muy lejos de mi poder adquisitivo, ¿por qué no lo robo? Tal vez piense que si yo no robo y todos se comportan igual, mi conciencia individual será el inicio de un gran cambio social, pero antes de todo eso está el hecho de que si lo robo y me agarran, termino preso.

El Estado integra todas esas conciencias individuales y las hace tangibles mediante políticas, leyes y otras regulaciones, y

---

4   Federovisky, S. (2012). *Los mitos del medio ambiente: mentiras, lugares comunes y falsas verdades.* Ediciones Capital Intelectual. 1ª ed. Buenos Aires.

mediante la represión de los incumplimientos. Sin embargo, cuando se trata de temas ambientales, el Estado es tímidamente propositivo y de forma falaz lo deja librado a nuestra «conciencia».

Si verdaderamente para la sociedad y el Estado la basura en las ciudades es muy importante, habrá regulaciones concretas y penalizaciones para los incumplimientos, controlará los empaques innecesarios, penalizará la obsolescencia programada, no permitirá la importación de basura del primer mundo como productos de *segunda mano* o *donaciones*. Si es cierto que el agua es tan valiosa y que será el motivo de guerras dentro de poco tiempo, no debería quedar librado a mi conciencia el regar el jardín o lavar el auto con agua potable, debería ser juzgado como criminal de guerra.

Veamos una imagen extraída de cualquier capital de América del Sur: una joven atlética sale del gimnasio comiendo un yogurt *light* y un hombre con botas de *cowboy* y con una informalidad cuidadosamente producida cruza la calle. No se conocen pero ambos comparten su preocupación por los problemas ambientales y por la salud del planeta; ambos se suben a sus camionetas 4x4 de 8 cilindros para recorrer algunas cuadras por calles razonablemente bien mantenidas. Hay algo que no cierra en esta imagen, ambos pertenecen a los sectores con mayores ingresos de la sociedad, a los sectores más instruidos y con mayor acceso a información, pertenecen a los sectores que pueden decidir libremente tener un buen comportamiento ambiental sin que ello les signifique padecer hambre o frío. ¿No sería razonable que el Estado tomara cartas en el asunto e impidiera el uso frívolo de un vehículo pensado para otros usos y que tan frecuentemente funciona como un símbolo inequívoco de estatus y poder económico? Depende: si el calentamiento global de origen humano es una de las mayores amenazas para las generaciones futuras, el gobierno prohibirá la venta y el uso particular de estos vehículos, reservándolos para los usos que realmente los requieren y estimulará el uso de vehículos eléctricos, de lo contrario el gobierno será cómplice del desastre ambiental. No dejará esa decisión librada a nuestra conciencia. Pero si el calentamiento global de origen humano es parte de un discurso políticamente correcto pero en realidad poco importante para la sociedad, el mercado y el gobierno celebrarán juntos la venta de autos costosos, que consuman más y paguen mayores impuestos. En resumen, ni las sociedades ni sus gobiernos están muy convencidos de que los gases de efecto invernadero que emitimos sean uno de los principales problemas ambientales de la actualidad, por lo tanto hacen una exhortación vaga a «ser conscientes» sin ocuparse realmente por el tema. Pero lamentablemente este doble discurso ambiental genera muchos perjuicios; por ejemplo, el despilfarro de recursos públicos, la distorsión de los mensajes en el sistema educativo, las políticas ambientales erráticas y la falta de planificación estratégica, entre otros.

Ya mencionamos la frase que acuñó la Organización de las Naciones Unidas para el Día Mundial del Medio Ambiente: «Alza tu voz y no el nivel del mar», que constituye un buen ejemplo de cuán importante es en realidad el cambio climático para la ONU. Nadie puede pensar seriamente que esa exhortación tonta sea una forma eficaz de abordar el problema. La organización política que agrupa a todos los gobiernos del mundo no solo deja la solución al problema, que considera una de las mayores amenazas para el futuro de la humanidad, librada a nuestro esfuerzo individual, sino que ni siquiera nos dice con claridad qué debemos hacer. EE. UU. tiene un consumo de energía cinco veces mayor que el de América Latina; tal vez si todos alzamos nuestra voz, comprendan que Las Vegas es una oda al despilfarro y la frivolidad, tomen conciencia y voluntariamente revisen sus patrones de consumo.

La verdad es que, más allá de los discursos, el Estado está mucho más preocupado por asegurar que el mercado siga funcionando libremente, que por gestionar en serio la basura o el agua. Cambiar eso es el primer gran desafío ambiental de América Latina; si estamos preocupados en serio, la contaminación se debe reprimir como un delito de lesa humanidad.

3. LEVANTAR LA MIRADA

Una vez que el Estado incorpora la variable ambiental a su accionar es momento de la planificación. En el primer capítulo hemos mencionado algunas diferencias entre crecimiento y desarrollo, y con un enfoque práctico para enfrentar el nuevo escenario ambiental decíamos que *el crecimiento ocurre, mientras que el desarrollo se planifica*, que el desarrollo está asociado simultáneamente a procesos complejos, planificados y de alta especialización.

La planificación ambiental estratégica es una herramienta central en la transformación del crecimiento en desarrollo, ya que implica no solo una visualización del futuro sino la intervención para cambiarlo, para construirlo. Esto es particularmente importante en temas ambientales, ya que entraña la idea de modificación, de construcción del ambiente. En este sentido, el desarrollo es un concepto contrario al de conservación.

Algunas de las características que diferencian a la planificación ambiental estratégica de la planificación tradicional se pueden resumir de la siguiente forma[5]:

- La planificación ambiental estratégica contempla los elementos subjetivos –culturales y psicológicos– y objetivos –técnicos y científicos– que

5   Rodriguez, J. M. (2008). *Planificación ambiental*. Ministerio de Educación Superior. Universidad de La Habana. Cuba.

determinan la gestión ambiental. No puede hacerse desconociendo las particularidades culturales y la idiosincrasia de una sociedad, pero también debe contemplar las capacidades científico-técnicas y los recursos con que se cuenta. La planificación estratégica implica soñar, pero con la posibilidad real de avanzar en la materialización de esos sueños.

– Se inicia con la visualización y el diseño participativo de escenarios futuros –con los mayores consensos–, para asegurarse de que sean adoptados por todos los actores sociales y enriquecidos a lo largo del tiempo. Pero la decisión de cuál será la relación que mantendremos con el ambiente incidirá en la forma en que vivirán las futuras generaciones, por lo que no basta con que sea amplia y concertada, la planificación debe quedar abierta, de forma que en el futuro el rumbo se pueda rectificar. La planificación ambiental estratégica debe ser una hoja de ruta más que una receta, el contexto en el que se tomen las decisiones de gestión ambiental.

– Establece objetivos para alcanzar el escenario diseñado, pero la planificación ambiental estratégica asume un nivel de incertidumbre que obliga a revisar estos objetivos y se transforma en un proceso continuo y de largo plazo, que se va enriqueciendo con la experiencia.

– Tal vez la característica más importante de la planificación ambiental estratégica es su carácter transformador, la decisión del destino que tendrán los recursos colectivos. En el equilibrio entre la satisfacción de las necesidades humanas y la disponibilidad futura de los recursos, una sociedad puede decidir el sacrificio de un recurso natural para obtener beneficios que tendrán un valor estratégico mayor que los propios recursos explotados. Un ejemplo es la reducción del hambre mediante el uso de un recurso no renovable. No solo por las consideraciones éticas que implica el mantener en la miseria a las personas por no explotar un determinado recurso, sino que la pobreza suele ser la causa de muchos otros problemas ambientales más importantes que el agotamiento del recurso en cuestión. Y la eliminación definitiva del hambre puede resultar en una mejora ambiental sostenible. Es en este contexto que el discurso conservacionista radical tiene un contenido reaccionario enfrentado a la planificación ambiental estratégica.

Si nuestra gestión ambiental es solo resultado del crecimiento económico será reactiva, reflejando elementos coyunturales y cambiantes, lo que entraña riesgos enormes para la sostenibilidad; la bonanza económica será resultado del derrame del saqueo de los recursos naturales y cuando los recursos se agoten o los mercados se depriman, nuestra situación será mucho peor que al inicio.

Actualmente la realidad es que en la mayoría de los países de América del Sur el proceso de gestión ambiental en la órbita del Estado comienza cuando una iniciativa de inversión llega al ámbito de autorización –ministerios, alcaldías, etc.–, aquí comienzan a aplicarse las herramientas de gestión –por ejemplo, los estudios de impacto ambiental–, no existe una planificación estratégica en la que enmarcar esa inversión. Por más que cada proyecto sea estudiado con especial detenimiento, el enfoque no deja de ser reactivo. En gran medida la planificación se deja en manos del mercado, mientras que el Estado funge de juez. Este enfoque ha demostrado ser muy perjudicial para nuestros países, principalmente porque otros estados sí planifican y esa planificación nos incluye a nosotros:

- La explotación de recursos naturales escasos como si fueran infinitos y la desaparición de la inversión cuando el recurso se agota es más frecuente de lo deseado. Las grandes empresas multinacionales suelen tener una visión panorámica de la disponibilidad de los recursos en el planeta, mientras que nosotros tenemos, en el mejor de los casos, una idea de la disponibilidad en nuestro propio territorio. Al agotarse los recursos aquí, el megaproyecto se trasladará a otras latitudes dejándonos solo los pasivos ambientales.

- El traslado de industrias obsoletas o contaminantes del primer mundo al tercero, llevándose productos casi terminados –sin pagar impuestos porque la inversión está contemplada en algún tratado de protección de inversiones–, agregando valor al producto en sus países y exportándolo nuevamente hacia esta región. Pero todos los costos ambientales quedan a nivel local y se socializan en forma inequitativa, cargando más a los sectores más vulnerables de la sociedad.

- La instalación de empresas fantasmas en zonas francas a las que se envían residuos peligrosos que sería costosísimo gestionar en el país de origen. En algunos casos, el tratamiento de esos residuos es un elemento crítico en la ecuación comercial del proceso productivo, por lo que enterrarlos en un suelo no controlado de un país del tercer mundo es una opción atractiva para muchas empresas.

Podríamos mencionar decenas de ejemplos más, pero lo que nos interesa es insistir en que si bien lo más fácil es culpar de esto a las políticas imperialistas de las empresas multinacionales, la realidad es que nuestra desidia en la planificación estratégica y en la administración de los recursos naturales es la principal causa. Ellos no hacen nada que nosotros no les dejemos hacer.

El Estado debe tomar el control de los recursos naturales y planificar su administración con una mirada estratégica.

4. ADMINISTRAR LO LOCAL ANTES DE GLOBALIZAR

El mundo moderno, soportado en producir cada vez más y consumir cada vez –el orden de los factores no altera el producto– no es sostenible. Los recursos se podrán agotar en una década o en cien, pero por este camino la profecía malthusiana se cumplirá. La ciencia y la tecnología proveerán soluciones inimaginables para la escasez de recursos, pero la historia muestra que la voracidad del mercado siempre irá un paso más adelante. Y por lo tanto, cualquier modelo de desarrollo que se conciba dentro de este modo de producción y consumo será insostenible –desde el oxímoron del desarrollo sustentable hasta el desarrollo de escala humana, pasando por las decenas de variantes acuñadas–.

Pero esta constatación no puede ser excusa para no hacer algo hoy. Mientras la humanidad no diseñe un sistema alternativo a este, el problema es el presente, es frenar los desastres ambientales que nos amenazan hoy y no los que ocurrirán dentro de 100 años. Más aún, es razonable pensar que si logramos enfrentar el presente de sobreexplotación de recursos, el futuro será mejor.

Es así que a América Latina no le queda más remedio que asumir desafíos de gestión, de administrar el presente con visión de futuro, de enfrentar esta realidad como la oportunidad inédita en su historia de superar el modelo de desarrollo dominante en la mayoría de los países de Europa y en EE. UU., que alcanzó niveles de bienestar satisfactorios para la población, sobreexplotando sus recursos naturales y luego saqueando los de otros continentes.

La paradoja que dominó el siglo XIX de que los países más naturales –con más ecosistemas prístinos y mayor biodiversidad– eran países pobres y los países desarrollados presentaban altos niveles de antropización y degradación de sus ecosistemas –verde y natural era opuesto a desarrollado– se revirtió a lo largo del siglo XX, cuando la pobreza y la contaminación entraron en un círculo vicioso que fue una de las principales causas de la degradación ambiental de vastas zonas del tercer mundo.

La exportación de materias primas desde América a lo largo de todo el siglo XX permitió que varios países europeos mantuvieran políticas de preservación de sus recursos naturales y se desarrollaran con base en el uso de recursos naturales del tercer mundo. Pero hoy en América existen condiciones para que verde y desarrollado vayan de la mano. El crecimiento económico y la reducción de la pobreza, el fortalecimiento institucional y la acumulación de conocimientos científicos y las nuevas tecnologías, los gobiernos dispuestos a defender la soberanía y la ciudadanía más activa, conforman un escenario nuevo, tan contradictorio como promisorio.

En este contexto, el desafío ambiental del continente consiste en sintetizar estos elementos en una nueva forma de relacionamiento de las sociedades con el ambiente; lograr la satisfacción de las necesidades humanas promoviendo el uso racional de los recursos naturales. América tiene ante sí la posibilidad de transitar el camino del desarrollo, sin hacerlo a expensas del ambiente, sino en el marco de su uso racional. Aceptemos llamarlo desarrollo, no importa si lo llamamos desarrollo sustentable, desarrollo de escala humana, o cualquier otro; varios países del continente están en condiciones de alcanzar niveles altos de satisfacción de las necesidades de su población, en el marco de un desempeño ambiental adecuado. Y eso no había ocurrido desde 1492.

Sin dudas, este desafío requiere una revalorización y jerarquización de los temas ambientales en la órbita del Estado, requiere más investigación científica y tecnológica, profundización en cada problema ambiental concreto, en sus causas y en las medidas de gestión. La estrategia no puede ser de declaraciones genéricas, de grandes acuerdos continentales, la gestión ambiental debe ser local y tangible, pero inserta en una planificación de largo plazo. Los gobernantes suelen ceder ante la tentación de hacer discursos sobre la biósfera y las futuras generaciones, eso es mucho más glamoroso que hablar de la recolección de la basura, la forma de aplicar agroquímicos y el tratamiento de efluentes domiciliarios. Pero es imprescindible bajar a tierra el discurso ambiental, asociarlo a proyectos y actividades concretas, a lugares del territorio, a emisiones medibles y controlables.

Hemos insistido en que los problemas ambientales siempre tienen una base local, siempre son georreferenciables. Existe una fuente de emisión, un sitio de vertido, un ecosistema específico. Y ahí es donde se debe concentrar la gestión ambiental, en el territorio y en las actividades concretas que lo degradan. Formular los problemas ambientales sobre la base de generalidades planetarias nos aleja de la solución e imposibilita administrar racionalmente los recursos.

El temor a transformarse en tecnócratas y a no considerar la complejidad de los temas ambientales, en ocasiones aleja a los tomadores de decisión de los problemas concretos que deben gestionar, pero la gestión ambiental es una forma de administración, que tiene bases científicas para soportar las decisiones concretas, no para hacer discursos epistemológicos.

El mayor desafío actual para los gobiernos consiste en hacer tangible la gestión ambiental, desarrollando acciones concretas sobre las emisiones y los consumos que degradan el ambiente, trabajando sobre efluentes líquidos, emisiones atmosféricas, residuos sólidos, ruidos.

Los riesgos ambientales de un megaproyecto agrícola, minero o inmobiliario, no pueden ser abordados mediante un discurso ideológico. Tal vez la ideología nos dé un soporte para analizar las formas de propiedad de los medios de producción, las relaciones sociales, la forma de distribución de los resultados económicos, entre otros aspectos, pero no nos servirá para prevenir los impactos ambientales. Si una mina a cielo abierto es de propiedad pública o privada, no definirá en absoluto su desempeño ambiental –y discutir la pertinencia de la megaminería nos permitirá ir a dormir con la conciencia tranquila, pero no resolverá el problema concreto–, en cambio, las herramientas de gestión ambiental que empleemos sí serán determinantes.

Desde la asignación de presupuestos hasta los programas de investigación y desarrollo, deben apuntar a ese nivel de especificidad, a lo local antes que lo global. Si repasamos los presupuestos de medio ambiente de muchos gobiernos de la región, encontraremos proyectos de un nivel de generalidad o de alejamiento de los problemas reales que solo se pueden calificar de despilfarro. Por ejemplo:

- Los *Proyectos de reestructura de los Ministerios del Ambiente*, financiados por los organismos internacionales de crédito, son para los ministerios una forma de pagar algunos sueldos a sus funcionarios y consultores, de obtener fondos frescos independientemente de que el ministerio funcione bien o mal, de que deba ser reestructurado; son proyectos promovidos por el BID (Banco Interamericano de Desarrollo) y el Banco Mundial, y que los ministerios aceptan sin ninguna evaluación rigurosa de las necesidades de una reestructura.

- Los *Proyectos para promover la conciencia ambiental en la ciudadanía* o generalidades por el estilo, que promueven una burocratización absoluta de la gestión ambiental. No implican intervenciones directas, no trabajan sobre un problema específico y mucho menos diseñan soluciones. Suelen basarse en la realización de talleres y foros que se deben cumplir y registrar, con un enfoque burocrático, terminando en la publicación de informes intrascendentes como forma de validación.

- Los *Proyectos para estudiar los impactos del cambio climático en diferentes ámbitos* implican un sesgo que desmotiva cualquier espíritu crítico. Si *a priori* los investigadores deben asumir que los impactos a estudiar son los provocados por el cambio climático, si los términos de referencia del organismo financiador los orientan acerca de los resultados esperados, se va desmotivando la discusión y la disidencia, se establece un consenso tedioso que en nada ayuda a la gestión ambiental.

Estos son algunos entre decenas de ejemplos de mala administración de recursos que se deben destinar a la gestión ambiental en la órbita del Estado; podríamos citar los siempre rendidores –electoralmente– planes de reciclaje de basura, o los programas de recambio de bombitas de luz, que se repiten a lo largo del continente.

Aunque se sacrifiquen algunos de estos fondos «blandos», los gobiernos deben establecer prioridades reales, asegurar que los esfuerzos de investigación y gestión estén relacionados con problemas ambientales concretos y no con la disponibilidad de fuentes de financiamiento. Esta jerarquización podrá tener sus costos en un principio, pero en poco tiempo permitirá definir objetivos, líneas verdaderas de acción, racionalizar esfuerzos. El enfoque burocrático de la gestión ambiental del Estado, que produce más papel que resultados tangibles, es una de las trabas a resolver.

5. EL AMBIENTALISMO CRÍTICO

Finalmente, tenemos el desafío de transformar el discurso ecologista que se concentra en alertarnos sobre ese desenlace apocalíptico que nos espera al final del camino, y por lo tanto cualquier gestión ambiental le resulta banal, pero que en realidad se trata de un abordaje frívolo para el nivel de riesgos ambientales del escenario actual, un enfoque que cada vez provoca más escepticismo. El desafío es transformarlo en un discurso ambientalista que promueva el espíritu crítico de la ciudadanía. La diferencia de términos entre *ecologismo* y *ambientalismo* no es menor en este caso. El ecologismo entraña la contradicción de ser una mirada totalmente antrópica –basada en conceptos como la ética y la moral– pero pretende apartar al hombre del centro de la escena –reivindica su filiación a la ecología clásica, disciplina en la que el hombre es un observador externo de los ecosistemas–; el ecologismo asume que el hombre está jugando un rol devastador en la naturaleza por lo que se debe alejar de ella. La paradoja del ecologismo consiste justamente en que, en la medida que el hombre se aleja de la naturaleza, se acerca a un mundo más artificial, más antrópico y menos natural. Si el ecologismo promueve que nos alejemos de la naturaleza, simultáneamente está promoviendo la artificialización de nuestro entorno.

Por el contrario, el nuevo ambientalismo debe asumir que el hombre está en el centro de la escena, el ambiente es lo que rodea al hombre. Un ambientalismo crítico capaz de reconocer los problemas de degradación del entorno provocados por nuestras actividades, pero que buscará en las ciencias, la tecnología, la cultura y otras manifestaciones humanas, la solución a esos problemas. Es decir, que un ambientalismo crítico –a diferencia del ecologismo–, propondrá una mayor participación del hombre y no su alejamiento.

El discurso ecologista de vocación europeísta, que se opone sistemáticamente a las megaindustrias en América Latina, pero históricamente no objetó que la economía se soportara en la exportación de materias primas, es un discurso subdesarrollista, en la peor acepción del término, que responde a los intereses de los países industrializados, y es un discurso que pierde credibilidad en la región. Mientras América suministró materias primas para que los procesos industriales les agregaran valor en otros continentes, los conflictos ambientales no eran de gran intensidad –cientos de miles de trabajadores murieron en las minas de socavón durante siglos en todo el continente, sin que ningún grupo ecologista del primer mundo levantara la voz–, pero cuando esta región comenzó a promover un enérgico proceso de apropiación de sus materias primas, cuando empezó a captar inversiones industriales, se desató la beligerancia ecológica. El discurso ambientalista en América debe responder a las necesidades locales y no ser una especie de *quinta columna* de poderosos intereses económicos europeos y estadounidenses.

El centrar la atención en pronósticos apocalípticos de inminentes cataclismos ambientales es solo justificable como parte de un discurso religioso y en cualquier caso, su resultado es inútil para el abordaje de los problemas ambientales que enfrentan las sociedades de América. Parte del desafío de su desarticulación es sustituirlo por un discurso constructivo y que responda a la realidad local, que analice las emisiones y consumos de cada proyecto, que promueva el análisis de riesgo ambiental y no el miedo a la venganza de la naturaleza, que desarrolle estándares y mecanismos de control. El nuevo discurso ambientalista debe estar soportado en bases científicas y atento a la realidad local, no soportado en la culpa y el miedo al castigo de la naturaleza. Pero el tránsito del discurso ecologista a un discurso *ambientalista crítico* no nos puede llevar a ignorar o subestimar la gravedad de los problemas ambientales planteados por el nuevo escenario.

El análisis crítico de los problemas ambientales reales o potenciales emergentes del nuevo camino que el continente comienza a transitar, debe ser una prioridad estratégica de la gestión ambiental, que debe ser audaz e innovadora pero muy responsable. Para eso nos debemos basar en conceptos útiles para la gestión, como el de *aspecto ambiental*, para abordar en forma concreta y tangible cada emisión, para mantener bajo control cada impacto posible y asegurar la sostenibilidad de los procesos productivos. Y simultáneamente debemos pensar en formas nuevas de administración de los recursos naturales, debemos pensar en la gestión ambiental mirando hacia el futuro y no pretendiendo regresar al pasado. El hombre es un constructor de su entorno y ese es el proyecto en el que nos debemos embarcar, el ambiente de América en las próximas décadas será sin dudas distinto, que sea mejor o peor depende de nosotros. El mayor desafío de América Latina en el nuevo escenario es lograr que seamos ambientalistas críticos.

Bibliografía consultada

AFP (Sep. 2013). «China sigue siendo la mejor esperanza de la industria automotriz mundial». *The Economic Times.* http://articles.economictimes.indiatimes.com/2013-09-28/news/42481654_1_car-sales-global-auto-industry-motor-vehicle-manufacturers

Aguiar, M. (2013). «Los transgénicos y el viejo de la bolsa». *Semanario Brecha.* -2-05-2013, Uruguay. En http://brecha.com.uy/index.php/sociedad/1763-los-transgenicos-y-el-viejo-de-la-bolsa

Aldunate Balestra, C. (2001). *El factor ecológico: Las mil caras del pensamiento verde.* LOM Ediciones. Santiago de Chile.

Angenot, M. (2010). *El discurso social Los límites históricos de lo pensable y lo decible.* Editorial Siglo XXI, 1ª edición. Bs.As. Argentina.

Arias Maldonado, M. (2008). *Sueño y mentira del ecologismo. Naturaleza, sociedad, democracia.* Editorial Siglo XXI. España.

Audi, R. ed. (1999). «Ockham's razor». En: *The Cambridge Dictionary of Philosophy.* Cambridge University Press. 2da Edición.

Bilinkis, S. (2015). *Pasaje al futuro.* Editorial Sudamericana, 3ª edición. Buenos Aires.

B.O. del Estado (1956). *Ley de 12 de mayo de 1956 sobre régimen del suelo y ordenación urbana.* España.

Brailovsky, A. (2009). *Esta, nuestra única tierra*. Editorial Maipue, 2ª edición, Argentina.

Brailovsky, A. (2012). *Historia ecológica de Iberoamérica: De los mayas al Quijote*. Editorial Kaicron. Tomo 1. 2ª edición. Bs.As. Argentina.

Capalbo, L. *et al.* (2011). *Decrecer con equidad. Nuevo Paradigma civilizatorio*. Ediciones Ciccus. Argentina.

Caparrós, M. (2013). *Diatriba contra los ecologistas*. http://www.soho.com.co/Imprimir.aspx?idItem=24133

Cartagena, J. y C. Arellano (Oct. 2013) «Evo y Correa apuntan contra los ecologistas». *Diario Los Tiempos*. Bolivia. http://www.lostiempos.com/diario/actualidad/nacional/20131004/evo-y-correa-apuntan-contra-los-ecologistas_230523_498902.html

Coase, R. H. (1981). «El problema del costo social». *Revista de Hacienda Pública Española*. N° 68 pp. 245-274.

Colman, R. (1999). «¿Cómo medimos el progreso?» *Gpiatlantic.org* http://www.gpiatlantic.org/clippings/mc_gpi_measgpisun_es.htm

Constanza, R. y H. Daly (1992). «Natural capital and sustainable development». En: *Conservation Biology*. Vol. 6 N°1, pp. 37-46.

Dadón, J. R. *et al.* (2006) *Ecología y ciudad: el entorno modelado por el hombre*. Del Aula Taller, f 1ª edición. Buenos Aires.

Daily G. ed. (1997) *Nature's Services: Societal Dependence on Natural Ecosystems*. Island Press. Washington, D.C.

Diamandis, P. y Kotler S. (2013). *Abundancia. El futuro es mejor de lo que piensas*. Editorial Antoni Bosch.

Diamond, J. (2006). *Colapso. Por qué unas sociedades perduran y otras desaparecen*. Editorial Debate. España.

Diez Martín, F. (2011). *Breve historia de los neanderthales*. Editorial Nowtilus. España.

Dudenhoefer, J. E. & P. J. George P.J. (2000). «Space Solar Power Satellite Technology Development at the Glenn Research Center». NASA/TM—2000-210210.

Edwards, A. J., Gomez, E. D. (2007). «Reef Restoration Concepts and Guidelines: making sensible management choices in the face of uncertainty». Coral Reef Targeted Research & Capacity Building for Management Programme: St Lucia, Australia. www.gefcoral.org

EFE (16-08-2013) «Gobierno de Ecuador se enfrenta a ecologistas e indígenas por explotación de petróleo en Parque Yasuní». *Diario La Tercera.* Chile. http://www.latercera.com/noticia/mundo/2013/08/678-538139-9-gobierno-de-ecuador-se-enfrenta-a-ecologistas-e-indigenas-por-explotacion-de.shtml

Energy Research Group *et al.* (2008). *Un Vitruvio Ecológico: Principios y práctica del proyecto arquitectónico sostenible.* Editorial Gustavo Gili. España.

EPA (Mar. 2002). «United States and Montana Reach Agreement With Mining Companies to Clean up Berkeley Pit». *EPA.* http://yosemite.epa.gov/opa/admpress.nsf/8a769d49720b9912852572a000650c00/746732fc9e0255f185256b88005adc40!OpenDocument

Environ. *Sci. Technol.* 2014, 48, 8963-8971. http://pubs.acs.org/doi/ipdf/10.1021/es501998e

Federovisky, S. (2012) *Los mitos del medio ambiente: mentiras, lugares comunes y falsas verdades.* Ediciones Capital Intelectual. 1ª ed. Buenos Aires.

Feldmann, J. & A. Levermann. (2015). «Collapse of the West Antarctic Ice Sheet after local destabilization of the Amundsen Basin». *Proceedings of the National Academy of Sciences of the United States of América.* Vol. 112 N°. 46 Johannes Feldmann, 14191–14196, doi: 10.1073/pnas.1512482112

Finlayson, C. (2010) *El sueño del neandertal: Por qué se extinguieron los neandertales y nosotros sobrevivimos.* Editorial Crítica. España.

Foladori, G. (2005). «Una tipología del pensamiento ambientalista». En *¿Sustentabilidad? Desacuerdos sobre el desarrollo sustentable.* Pierri y Foladori, 2005. Edit. Porrúa. México.

Fullem, G. D. (1995) «The Precautionary Principle: Environmental Protection in the Face of Scientific Uncertainty». (1995) 31 Willamette L. Rev. 497.

Gallardo Marticorena, M. (2012). «Perú: el impacto ambiental del proyecto minero Conga: más allá de lo enunciado». Servindi, Servicios en Comunicación Intercultural. http://servindi.org/actualidad/61267

Galton, F. (1904). «Eugenics: Its definition, scope and aims». En: *American Journal of Sociology*. 10 -1-: 1-25 http://www.jstor.org/stable/2762125

Hardin, G. (1968). «The Tragedy of the Commons». *Science*. Vol. 162, No. 3859 pp. 1243-1248.

Hardoon, D., *et al.* (2016). «Una Economía al servicio del 1%». Informe de OXFAM Internacional. Reino Unido. En https://www.oxfam.org/es/informes

Hawking, S. y L. Mlodinow (2010). *El Gran Diseño*. Editorial Crítica, 1ra ed. en español. España.

Hoekstra, A. (2010). *Globalización del agua. Compartir los recursos de agua dulce del planeta*. Marcial Pons Editores. España.

Houston, J. R. & R. Dean. (2012). «Comparisons at Tide-Gauge Locations of Glacial Isostatic Adjustment Predictions with Global Positioning System Measurements». *Journal of Coastal Research*. Vol. 28, N°. 4, 2012.

Huntsman, J. M. (2015). «El comercio refleja los cambios en la estructura de poder global». *The Wall Street Journal*. 3 de junio de 2015.

Hyde, D. (2015). «Earth heading for 'mini ice age' within 15 years». *The Telegraph* http://www.telegraph.co.uk/news/science/11733369/Earth-heading-for-mini-ice-age-within-15-years.html

ISO - Norma Internacional ISO 14001:2004. *Sistemas de gestión ambiental. Requisitos con orientación para su uso*.

Justo, M. (Mayo, 2013). «El fin del auge de las materias primas: ¿golpe para América Latina?» *BBC Mundo*. http://www.bbc.co.uk/mundo/noticias/2013/05/130509_materias_primas_america_latina_mj.shtml

Latchinian, A. (2011). *Globotomía. Del ambientalismo mediático a la burocracia ambiental.* Editorial Puntocero, Venezuela.

Lee, C. (Oct. 2013). «Predictions for the Chinese automobile market in Q4. Gasgoo – Global Auto Sources». *Autonews.* http://autonews.gasgoo.com/commentary/analysis-predictions-for-the-chinese-automobile-m-131021.shtml

Lem, S. (1988). «Expedición séptima, o cómo su propia perfección puso a Trurl en un mal trance». Incluido en *Ciberíada.* Editorial Alianza. Madrid.

Lomborg, B. (2003). *El ecologista escéptico.* Editorial Espasa. 1ª edición en español.

Lomborg, B. (Feb. 2013) «The Deadly Opposition to Genetically Modified Food». Article from *Project Syndicate.* http://www.slate.com/articles/health_and_science/project_syndicate0/2013/02/gm_food_golden_rice_will_save_millions_of_people_from_vitamin_a_deficiency.1.html

Lovelock, J. (2007). *La venganza de la Tierra. La Teoría de Gaia y El Futuro de la Humanidad.* Editorial Planeta. España.

Machado, H. *et al.* (2011). *15 mitos y realidades de la minería transnacional en Argentina.* Editado por Colectivo Voces de Alerta. Argentina.

Machado Aráoz, H. (2014). *Potosí, el origen. Genealogía de la minería contemporánea.* Editorial Mardulce. Argentina.

Malthus T. R. (1846). *Ensayo sobre el principio de la población.* Universidad Complutense de Madrid. España.

Martínez Castillo, M. (2012). *Lecturas de la Capital de Honduras.* Editado por la Alcaldía Municipal del Distrito Central. Honduras.

Max-Neef, M. (1993). *Desarrollo a escala humana.* Editorial Nordan. Uruguay.

Max-Neef, M. (2011). «El mundo en rumbo de colisión». *Youtube.* http://www.youtube.com/watch?v=BaAzKHV2ku4

Merlinsky, G. *et al.* (2013). *Cartografías del conflicto ambiental en Argentina.* Ediciones Ciccus. Argentina.

Mulet, J. M. (2014). *Comer sin miedo. Mitos, falacias y mentiras sobre la alimentación en el siglo XXI.* Editorial Destino, 1ª edición. Bs.As.

Mumford, L. (1956). *The urban prospect.* Harcourt, Brace and World. New York.

Narváez, I. *et al.* (2013).*Yasuní, zona de sacrificio: Análisis de la iniciativa ITT y de los derechos colectivos indígenas.* Editado por FLACSO. Ecuador.

National Academies of Sciences, Engineering and Medicine (2016). *Genetically Engineered Crops: Experiences and Prospects.* Washington DC: The National Academies Press. Doi: 10.17226/23395.

Núñez, S. (2011). *DisneyWar.* Editorial HUM 1ª edición. Montevideo, Uruguay.

OICA - Organisation Internationale des Constructeurs d'Automobiles. (2014). *Estadísticas de ventas de automóviles en el mundo.* Francia. *OICA.* http://www.oica.net/category/sales-statistics/

Orduna, J. (2008). *Ecofascismo.* Editorial Martínez Roca. Bs. As., Argentina.

Pengue, W. y H. Feinstein (2013). «*Nuevos enfoques de la economía ecológica: una perspectiva latinoamericana sobre el desarrollo*». Lugar Editorial. Argentina.

Potrykus, I. (2001). «Golden Rice and beyond». En *Plant Physiology.* Vol. 125, pp. 1157-1161. *Press Releases Database.* http://europa.eu/rapid/press-release_IP-10-1688_en.htm

Presidencia de la República de Ecuador (2013). «Discurso del Presidente Rafael Correa al asumir su tercer mandato». *Presidencia República de Ecuador.* http://www.presidencia.gob.ec/discursos/

Ridley, M. (2015). «Los combustibles fósiles salvarán al mundo». *Wall Street Journal.* 28 de junio de 2015.

Rodríguez, J. M. (2008). *Planificación Ambiental.* Ministerio de Educación Superior. Universidad de la Habana. Cuba.

Schmittner, A. *et al.* (2011). «Climate Sensitivity Estimated from Temperature Reconstructions of the Last Gla-

cial Maximum». *Science Express* www.sciencexpress.
org/24November2011/Page1/10.1126/science.1203513

Séralini, G. E. *et al.* (2012). «Long term toxicity of a Roundup herbicide and a Roundup-tolerant genetically modified maize. Food Chem». Toxicol. *Science Direct.* http://dx.doi.org/10.1016/j.fct.2012.08.005

Singer, P. (2001). *Una izquierda darwiniana.* Edit. Crítica. España,

Steffen, A. (2011). «Worldchanging: A User's Guide for the 21st Century». *Worldchanging* www.worldchanging.com

Stevenson, R. L. (2006). *El extraño caso del doctor Jekyll y Mr. Hyde y otros relatos de terror.* Editorial Rústica. España.

Taleb, N. (2012) *El cisne negro. El impacto de lo altamente improbable.* Editorial Planeta, España.

Trivers, R. (2013). *La insensatez de los necios: La lógica del engaño y el autoengaño en la vida humana.* Katz Editores. Argentina.

UNDB. (2011 – 2020). «Decenio de las Naciones Unidas sobre Biodiversidad. Convenio sobre la Diversidad Biológica». Canadá. *CBD.* http://www.cbd.int/undb/media/factsheets/undb-factsheets-es-web.pdf

U.S. Department of Energy (2014). «Plan estratégico 2014-2018 del Departamento de Energía de los EE.UU.». *Energy.gov.* http://www.energy.gov/sites/prod/files/2014/04/f14/2014_dept_energy_strategic_plan.pdf

Verheggen, B. *et al* (2014). «Scientists' views about attribution of global warming». *Environ. Sci. Technol.* 2014, 48, 8963-8971. http://pubs.acs.org/doi/ipdf/10.1021/es501998e

Wackernagel M. y W. Rees (2001). *Nuestra huella ecológica. Reduciendo el impacto humano sobre la Tierra.* LOM Ediciones. Chile.

Warhurst, A. y L. Noronha. (2000). *Environmental Policy in Mining. Corporate Strategy and Planning for Closure.* Boca Ratón, Florida, Lewis Publishers, 513 P. E.U.A.

Wright, F. L. http://www.fallingwater.org/

Zizek, S. (2008). «Examined Life, Philososophy in the streets». –Parte del documental–. *Youtube* http://www.youtube.com/watch?v=00u4kUuU6rE

www.ingramcontent.com/pod-product-compliance
Lightning Source LLC
Chambersburg PA
CBHW031155270326
41931CB00006B/285